Satwinder Singh
Suman Bhullar

Conceção de um sistema fotovoltaico fora da rede para um sistema de iluminação pública inteligente

Satwinder Singh
Suman Bhullar

Conceção de um sistema fotovoltaico fora da rede para um sistema de iluminação pública inteligente

ScienciaScripts

Imprint

Cover image: www.ingimage.com

This book is a translation from the original published under ISBN 978-620-2-06102-5.

Publisher:
Sciencia Scripts
is a trademark of
Dodo Books Indian Ocean Ltd. and OmniScriptum S.R.L publishing group

120 High Road, East Finchley, London, N2 9ED, United Kingdom
Str. Armeneasca 28/1, office 1, Chisinau MD-2012, Republic of Moldova, Europe
Printed at: see last page
ISBN: 978-620-8-32676-0

RESUMO

A luz de rua é uma fonte de luz elevada que é normalmente utilizada ao longo de passeios e ruas quando o ambiente fica escuro. Utilizando a mais recente tecnologia de díodos emissores de luz, o controlo da intensidade da luz é possível através de sensores que podem detetar o movimento dos veículos. À medida que os veículos avançam, a intensidade da luz aumenta durante alguns segundos e, à medida que se afastam, a intensidade diminui. As lâmpadas LED têm várias vantagens. Para uma potência de entrada fixa, fornecem mais lúmenes e menos CO2 em comparação com as lâmpadas convencionais como as CFL, fluorescentes, de tungsténio, etc. Ao utilizar o sistema de comutação automática, podemos também controlar o consumo de energia nas ruas e eliminar a mão de obra. A produção e a utilização de células foto-voltaicas para gerar eletricidade são uma solução cada vez mais popular a nível mundial. O objetivo do trabalho proposto é utilizar da forma mais eficiente possível a energia recebida do sol para alimentar a iluminação pública. A energia solar é recolhida com a ajuda de um painel solar e a bateria é carregada durante o dia e esta energia é utilizada para alimentar as luzes da rua durante a noite. Além disso, se for utilizado um sistema de controlo solar, é possível obter o máximo de energia do sol.

ÍNDICE DE CONTEÚDOS

Capítulo 1 **4**

Capítulo 2 **8**

Capítulo 3 **20**

Capítulo 4 **29**

Capítulo 5 **41**

LISTA DE ABREVIATURAS

LED	Light Emitting Diode
PV	Photovoltaic
HID	High Intensity Discharge
l m	Lumens
GPRS	General Packet Radio Service
SSL	Smart Street Lighting
PCS	Power Conditioning System
WSN	Wireless Sensor Network
PWM	Pulse Width Modulation
GSM	Global System for Mobile
ISL	Intelligent Street Lighting
PLC	Pulse Logic Controller
CFL	Compact fluorescent light
LDR	Light Dependent Resistor
EMR	Electromagnetic Radiation
CRI	Colour Rendering Index
IR	Infrared
NC	Normally Closed
NO	Normally Open
SPST	Single Pole Single Throw
GND	Ground
CTRL	Control
THR	Threshold
DIS	Discharge
HPS	High Pressure Sodium
LPS	Low Pressure Sodium
MH	Metal Halide
nm	Nanometer

Capítulo 1
INTRODUÇÃO

1.1 VISÃO GERAL

Uma luz eléctrica é um conversor que produz energia luminosa quando a corrente eléctrica passa por ele. O principal objetivo da iluminação rodoviária é tornar visíveis as pessoas, os veículos e os objectos na estrada. No domínio da engenharia, tem sido levantada a questão da ecologia, em que muitos investigadores e engenheiros se empenham em encontrar técnicas para reduzir o consumo de energia, equipamentos amigos do ambiente e aumentar a eficiência dos produtos. O melhor método é o sistema inteligente quando é aplicado em áreas industriais, residenciais e comerciais, etc. O sistema inteligente é uma operação autónoma que detecta a mudança no ambiente com a ajuda de sensores e actua para corrigir a causa do desvio do ambiente. Os sistemas funcionam continuamente para alcançar a solução óptima. A principal vantagem da iluminação pública é a extensão da qualidade de vida humana durante o período de escuridão do dia. A qualidade de vida inclui a prevenção da criminalidade, a segurança do tráfego rodoviário, o impacto estético, o comportamento humano e muito mais. A iluminação pública consome dois por cento da energia global e é também responsável pela emissão anual de milhões de CO_2.

Muitos estudos e técnicas são efectuados por estudantes de engenharia, professores de universidades, faculdades e organizações de investigação para tornar o sistema de iluminação exterior menos consumidor de energia. A tecnologia mais recente, que é utilizada globalmente nos dias de hoje, é o sistema baseado em díodos emissores de luz, que é tratado como uma tecnologia de iluminação fiável e eficiente em termos energéticos, que reduziu o custo da iluminação pública, bem como o consumo de energia até 80% e também é responsável pela redução das emissões de dióxido de carbono. As lâmpadas LED duram cerca de 50 vezes mais do que outras lâmpadas convencionais. Uma iluminação constante é a melhor solução em áreas movimentadas; no entanto, não o é definitivamente em áreas residenciais rurais. No primeiro caso, muitas pessoas circulam por volta da meia-noite quando vêm das suas lojas, cinemas, restaurantes, etc., mas no segundo caso, apenas um pequeno número de pessoas utiliza as ruas durante a noite. Assim, existe uma necessidade temporária de iluminação de ruas ou estradas, em relação a uma iluminação contínua de ruas ou estradas em zonas urbanas. Para poupar energia nas luzes de rua, podemos instalar um sistema automático que pode ligar ou desligar o sistema de iluminação ou aumentar ou diminuir o brilho das lâmpadas de acordo com a deteção de tráfego na estrada. Atualmente, o mundo enfrenta uma escassez de energia devido ao aumento do consumo médio de energia per capita, o que tem levado a uma diminuição contínua das reservas mundiais de gás natural e petróleo. As tecnologias energéticas não convencionais têm suscitado um enorme interesse a nível mundial para encontrar soluções para a crise energética. Recentemente, os sistemas fotovoltaicos têm encontrado aplicações bastante alargadas. Uma das aplicações fotovoltaicas é o sistema de iluminação pública autónomo que utiliza lâmpadas LED mais eficientes e económicas. Este sistema não necessita de qualquer fonte de energia e é isento de poluição. Pode ser instalado em qualquer lugar, onde a disponibilidade da rede não é possível, ou seja, em áreas montanhosas, etc. O sol é utilizado como fonte de energia que é reconhecida como sendo uma fonte ambientalmente limpa do ponto de vista da produção de energia. Também podemos adicionar um sistema de seguimento do sol num sistema autónomo para obter o máximo de energia do sol para carregar a bateria. Este sistema liga-se e desliga-se automaticamente através de circuitos electrónicos que poupam energia e tornam o nosso sistema de iluminação mais fiável e moderno.

Atualmente, na Índia, as lâmpadas de descarga de alta intensidade são utilizadas para a iluminação pública. Recentemente, novos módulos de iluminação pública ganharam muita atenção para reduzir a quantidade de energia consumida por este tipo de lâmpada e também reduzir a quantidade de emissões de CO_2. A mais recente tecnologia de lâmpadas de díodos emissores de luz, com os seus actuais desempenhos, provou ser a solução mais adequada para a iluminação pública. Oferecem muitas vantagens, tais como: longa duração, menor consumo de energia, nenhum efeito no ambiente devido à ausência de chumbo, nenhum refletor externo e têm uma elevada eficiência. Os LED são uma boa fonte de luz e a sua eficiência é de 160 lm/W. Ao utilizar este tipo de lâmpadas de alta eficiência, podemos reduzir 50% da energia utilizada pelas lâmpadas HID.

Ao aplicar o sistema proposto, as ruas podem ser iluminadas com lâmpadas de menor consumo de energia, baixo custo de funcionamento, baixas emissões de CO_2 e amigas do ambiente.

1.2 REVISÃO DA LITERATURA

Lee *et. al* (2006) fizeram um levantamento de vários sistemas de controlo da iluminação pública e analisaram as suas caraterísticas. Através destes esforços, descobriram que as desvantagens comuns da maioria dos sistemas de controlo da iluminação eram a dificuldade de manuseamento e a dificuldade de manutenção. Para reduzir o desconforto de manuseamento e a dificuldade de manutenção do sistema de controlo da iluminação pública, conceberam um novo sistema de controlo da iluminação pública utilizando a técnica de comunicação Zigbee.

Ereu *et. al.* (2006) realizaram um estudo com o objetivo de estabelecer a metodologia adequada para calcular a quantidade de energia consumida pelo sistema de iluminação pública. O estudo incidiu sobre a potência nominal de uma lâmpada, a perda média no balastro, a perda média devido ao envelhecimento da lâmpada e as perdas técnicas no condutor por efeito de joule.

Pantoni *et. al.* (2010) estudaram e desenvolveram tecnologias eficientes destacadas pelo programa ReLuz (Programa Nacional de Iluminação Pública e Sinalização Luminosa Eficiente).

Zhang *et. al* (2010) implementaram um sistema de controlo remoto para a iluminação de estradas urbanas em Tecnologia Informática. A tecnologia de base de dados, o SIG e a tecnologia de rede móvel GPRS foram discutidos e utilizados na aplicação.

Yue *et. al.* (2010) melhoraram a composição, o princípio de funcionamento e a função do sistema informático de controlo da iluminação pública; este sistema pode satisfazer a procura crescente dos diferentes feriados através de diferentes estratégias de controlo e reforçar as medidas relevantes para as tecnologias de poupança de energia, destacando caraterísticas como a poupança de energia, a proteção do ambiente, a possibilidade de controlo, etc.

Ali *et. al.* (2011) propuseram um sistema solar autónomo de iluminação pública LED de baixo custo e elevada eficiência. O sistema proposto conservou energia de duas formas: a fonte e a carga. A fonte foi uma matriz fotovoltaica, que é uma energia limpa e renovável. Além disso, foi proposto um sistema de microcontrolador único para a gestão da energia do sistema. O sistema proposto introduziu uma solução para o problema do pico de carga do sistema egípcio.

Mullner *et. al* (2011) apresentaram o sistema SSL, uma estrutura para a comutação rápida, fiável e eficiente do ponto de vista energético de candeeiros de rua com base na localização dos peões e nos seus desejos pessoais de segurança (aumento ou redução da área iluminada à volta dos transeuntes).

Popa *et. al* (2012) centrou-se na implementação de um sistema de controlo da iluminação que tornou a iluminação pública uma parte autónoma e eficiente do ambiente urbano. O artigo apresentou um sistema de iluminação pública eficiente com um consumo de energia reduzido em comparação com os sistemas de iluminação clássicos.

Siddiqui *et. al* (2012) conceberam um sistema para reduzir o consumo de energia de instalações exteriores e demonstraram-no através do desenvolvimento de um protótipo para controlar candeeiros de rua. O sistema minimizou o consumo de energia para benefício do utilizador e do ambiente em simultâneo.

Priyasree *et. al* (2012) tinham como objetivo a conceção e a implementação de um sistema automático que permitisse reduzir a intensidade das luzes de rua que não fossem necessárias durante a noite. Assim, este trabalho, uma vez implementado em grande escala, pode trazer reduções significativas no consumo de energia causado pelas luzes da rua.

Husin *et. al.* (2012) apresentaram o sistema automático de iluminação pública; cerca de 77% a 81% do consumo de energia pode ser reduzido com a utilização do sistema proposto.

Vitta *et. al* (2012) demonstraram o conceito de um sistema inteligente de iluminação pública de estado sólido em condições reais no exterior. O método de iluminação de dois níveis e duas zonas foi implementado com base numa investigação psicofísica.

Ahmed *et. al* (2012) centrou-se no projeto de utilização mais eficiente da energia recebida do sol para alimentar a iluminação pública da cidade. Foi também determinado um ângulo de montagem dos painéis que permitiria uma eficiência óptima durante as quatro estações do ano.

Zotos *et. al.* (2012) desenvolveram um sistema de gestão e monitorização de iluminação exterior inteligente e eficiente em termos energéticos, com controlo remoto. Este artigo apresentou os resultados de um estudo de caso de uma instalação experimental de um sistema inteligente de iluminação rodoviária.

Lian *et. al.* (2012) definiram um sistema de controlo de iluminação inteligente, combinando Zigbee com GPRS. Com a rede de controlo proposta, houve redução do consumo de energia, diminuição do custo de gestão e monitorização da informação de estado de cada unidade de iluminação pública.

Sarimin *et. al* (2013) propuseram uma aplicação para o controlo e monitorização do sistema de iluminação pública inteligente através da utilização do protocolo de comunicação sem fios Zigbee. A aplicação desenvolvida utilizou programação embebida para controlar o comportamento do sistema global.

Amin *et. al.* (2013) descreveram a utilização de redes de sensores sem fios com recurso a GSM para a monitorização e controlo da iluminação pública.

Natu *et. al* (2013) sugeriram que o sistema foi construído para fornecer acesso remoto às luzes de rua, acedendo-lhes apenas através de um servidor e poupando o consumo de energia da área sob o sistema. Esta energia pode ser desviada para diferentes zonas sujeitas a cortes de carga e tenta-se reduzir o problema dos cortes de carga.

Yusoff *et. al* (2013) discutiram e apresentaram um trabalho preliminar sobre o desenvolvimento de um sistema de iluminação pública inteligente e também se concentraram no sistema completo de iluminação pública inteligente sem fios com caraterísticas de segurança adicionais para garantir a transferência segura de dados dos locais para um servidor central.

Rajput *et al.* (2013) descreveram o sistema de iluminação pública inteligente que integrou novas tecnologias que oferecem facilidade de manutenção e poupança de energia.

Castro *et.* al. (2013) apresentaram a importância do controlo inteligente da iluminação para alcançar a sustentabilidade de cidades mais inteligentes. Descreveram o impacto no consumo total de energia da iluminação e, consequentemente, o interesse em oferecer um maior controlo e otimização da sua utilização.

Srivastava *et. al.* (2013) conceberam luzes de rua automáticas que eram uma forma económica, prática, ecológica e mais segura de poupar energia.

Latha *et. al.* (2013) propuseram uma abordagem para o controlo do sistema de iluminação pública utilizando o PLC do milénio 3. Os resultados simulados foram também verificados experimentalmente através da utilização de uma resistência dependente da luz.

Leccese *et. al.* (2013) descreveram um novo sistema inteligente de iluminação pública que integra novas tecnologias disponíveis no mercado para oferecer maior eficiência e poupanças consideráveis. Isto pode ser conseguido utilizando a tecnologia LED altamente eficiente fornecida por energia renovável a partir de painéis solares.

1.3 OBJECTIVO DO TRABALHO: O objetivo da dissertação é desenvolver um Sistema de Iluminação Pública Inteligente que seja alimentado por duas fontes, bateria e sistema solar e que seja operado na intensidade necessária de forma a ser economicamente viável para o sector energético. O objetivo desta dissertação é limitar o desperdício de energia e também reduzir as emissões de dióxido de carbono.

1.4 METODOLOGIA UTILIZADA: É proposta a implementação em hardware do controlo automático da intensidade da luz e do sistema de comutação automática para o sistema de iluminação pública inteligente. Além disso, o rastreador de sol é usado para fazer uso eficiente da energia solar.

1.5 ORGANIZAÇÃO DA DISSERTAÇÃO: A presente dissertação é composta por cinco capítulos.

O primeiro capítulo inclui a introdução, a revisão da literatura, o objetivo do trabalho, a metodologia utilizada e a organização da dissertação.

O segundo capítulo baseia-se num sistema de iluminação pública inteligente que consiste na estrutura, na diferença entre o sistema de iluminação pública convencional e o inteligente e na descrição dos componentes utilizados para implementar o hardware.

O terceiro capítulo trata do diagrama de circuitos, do fluxograma e do funcionamento do controlo automático da intensidade da luz das lâmpadas LED, da comutação automática da luz de rua e do sistema de captação do sol.

O quarto capítulo trata da comparação entre a lâmpada HPS e a lâmpada LED, da conceção do sistema fotovoltaico fora da rede, dos gráficos e das caraterísticas de carga e descarga da bateria. Neste capítulo, calculamos as classificações dos componentes necessários para o sistema fora da rede.

O quinto capítulo inclui os resultados experimentais, a conclusão e o âmbito futuro do trabalho.

Capítulo 2

ILUMINAÇÃO PÚBLICA INTELIGENTE

2.1 LUZ: A luz tem a forma de radiação, que é visível ao olho humano e é responsável pelo sentido da luz. É também designada por radiação electromagnética (REM), que tem um comprimento de onda entre 400 nm e 700 nm - entre o infravermelho, com comprimentos de onda mais longos, e o ultravioleta, com comprimentos de onda mais curtos. As gamas acima mencionadas não representam os limites absolutos da visão humana, mas dão uma ideia aproximada das gamas em que as pessoas conseguem ver bem. A luz visível pode ser definida por várias fontes, desde 420 nm a 680 nm até 380 nm a 800 nm. As pessoas podem ver infravermelhos até 1050 nm e, no caso dos ultravioletas, as crianças e os jovens podem ver até cerca de 310 a 313 nm. A intensidade, a direção de propagação, a frequência, o espetro do comprimento de onda e a polarização são as principais propriedades da luz visível e a velocidade da luz é de $3*10^8$ m/s. A luz visível com todos estes tipos de EMR move-se a esta velocidade no vácuo. Em todos os tipos de EMR, a luz visível é emitida e absorvida em pequenas partículas chamadas fotões e apresenta propriedades de onda e de partículas. A iluminação pública é colocada na estrada para tornar visível tudo o que se passa na estrada durante a noite, a fim de evitar acidentes e aumentar a segurança das pessoas.

2.2 SISTEMA DE ILUMINAÇÃO CONVENCIONAL: Uma lâmpada eléctrica é um dispositivo que produz luz quando a eletricidade passa por ele. Os nossos antepassados utilizavam candeeiros a querosene e velas para o sistema de iluminação nocturna. [th]As lâmpadas incandescentes foram fabricadas no início e em meados do século XX, mas têm menos utilização atualmente.

Tipos:

Existem vários tipos de lâmpadas eléctricas.

- **Incandescente** - a lâmpada mais comum em casa até cerca de 2003.
- **Lâmpada de descarga de gás** - um tipo de lâmpada que inclui a luz fluorescente. As lâmpadas fluorescentes compactas (LFC) substituíram atualmente as lâmpadas incandescentes em casa.
- **Sódio de baixa pressão** - É a fonte de luz mais eficiente utilizada na iluminação pública. A lâmpada LPS produz uma luz monocromática amarelo-alaranjada e é também uma boa forma de reduzir o brilho do céu. O inconveniente desta lâmpada é apenas o CRI. Tudo à sua volta parece amarelo-alaranjado quando a lâmpada está na posição ON e consome mais watts à medida que a idade da lâmpada aumenta.

- Descarga de alta intensidade - Requer um balastro externo para funcionar. Demora 3 a 5 minutos a atingir a sua intensidade máxima. A lâmpada desliga-se se houver uma queda de eletricidade. A HPS tem de arrefecer o suficiente para se restringir, o que normalmente demora cerca de 1 minuto a 10 minutos. As lâmpadas HPS são dos seguintes tipos

> **Vapor de mercúrio:** É uma lâmpada de descarga de alta intensidade. Utiliza um arco através de mercúrio vaporizado numa lâmpada de alta pressão para criar uma luz mais fraca que cria principalmente luz UV para excitar os fósforos. As lâmpadas têm uma boa eficiência e a restituição de cores é melhor do que a das lâmpadas de rua de sódio de alta pressão.

> **Halogeneto de metal:** Consiste num tubo de arco com uma lâmpada exterior. Pode ser feito de quartzo

ou cerâmica e contém um gás árgon, mercúrio e sais de iodetos metálicos. Os tubos de arco de quartzo MH tradicionais têm uma forma semelhante à dos tubos de arco de vapor de mercúrio, mas funcionam a temperaturas e pressões elevadas. São mais eficientes em termos energéticos do que os tubos de vapor de mercúrio e têm uma maior produção de lúmenes.

> **Sódio de alta pressão:** É a lâmpada mais comum para iluminação pública e é uma melhoria em relação à lâmpada LPS, ou seja, tem um CRI mais elevado com maior eficiência de uma lâmpada de sódio.

2.3 ILUMINAÇÃO MODERNA: DIODO EMISSOR DE LUZ: Os LEDs de estado sólido têm sido populares como luzes indicadoras desde a década de 1970. Nos últimos anos, a eficácia e o rendimento aumentaram ao ponto de os LED serem agora utilizados em aplicações de iluminação de nicho. Os LEDs indicadores são conhecidos pela sua vida extremamente longa, até 100.000 horas, mas os LEDs de iluminação são utilizados de forma muito menos conservadora (devido ao elevado custo do LED por watt) e, consequentemente, têm vidas muito mais curtas do que os LEDs indicadores. Devido ao custo relativamente elevado por watt, a iluminação LED é mais útil em potências muito baixas; normalmente para conjuntos de lâmpadas com menos de 10 W.

Os LEDs são atualmente mais úteis e rentáveis em aplicações de baixa potência, como luzes nocturnas e lanternas. Os LEDs coloridos também podem ser utilizados para iluminação de realce, por exemplo, em objectos de vidro. Estão também a ser cada vez mais utilizados como iluminação de férias. A eficiência dos LED varia numa gama muito ampla. Alguns têm uma eficiência inferior à das lâmpadas de incandescência e outros significativamente superior. O desempenho dos LEDs a este respeito é suscetível de ser mal interpretado, uma vez que a direccionalidade inerente aos LEDs lhes confere uma intensidade de luz muito mais elevada numa direção por cada saída de luz total. A tecnologia LED é útil para os projectistas de iluminação devido ao seu baixo consumo de energia, baixa produção de calor e controlo instantâneo de ligar/desligar. Para a iluminação doméstica geral, o custo total de propriedade da iluminação LED é ainda muito mais elevado do que o de outros tipos de iluminação bem estabelecidos.

Liderando a revolução - Os LEDs tornaram-se a força motriz na evolução da iluminação pública. A combinação de uma melhor visibilidade e segurança nocturnas, custos de manutenção/operacionais reduzidos, ausência de produtos químicos tóxicos e uma diminuição das emissões de carbono tornaram os sistemas de iluminação LED numa das principais considerações para os municípios e empresas de serviços públicos em todo o mundo.

Controlo operacional inteligente - A iluminação de estradas abrange uma vasta gama de locais, desde bairros residenciais com pouco tráfego a estradas rurais. Todos têm os seus próprios requisitos para níveis de luz e padrões de distribuição aceitáveis e é aqui que os sistemas de iluminação pública LED com "controlo inteligente" podem ser mais eficazes. A luz pode ser facilmente controlada com sistemas inteligentes. A luz pode ser ligada e desligada instantaneamente e pode ser regulada para maior poupança de energia ao amanhecer, ao anoitecer e também durante as horas de pouco tráfego. Ligar-desligar e regular a intensidade da luz não afecta a vida útil da lâmpada.

Qualidade de vida - Devido à sua capacidade de controlo dinâmico, a iluminação pública LED pode resolver problemas de céu escuro e poluição luminosa em áreas residenciais durante as horas tardias da noite. Em alternativa, onde e quando necessário, a luz quase branca do LED dá a sensação de ser dia, o que pode ajudar significativamente a reduzir a atividade criminosa. A iluminação melhorada pode também melhorar a segurança dos condutores, ciclistas e peões.

Pegadas de carbono - As lâmpadas LED não contêm materiais tóxicos e são 100% recicláveis. Devido à sua longa vida útil, podem reduzir significativamente os aterros e os custos de eliminação das lâmpadas em comparação com as luzes de rua convencionais.

2.4 DIFERENÇA ENTRE A ILUMINAÇÃO PÚBLICA CONVENCIONAL E A ILUMINAÇÃO PÚBLICA INTELIGENTE: Uma iluminação pública é uma fonte de luz elevada na berma de uma estrada ou passeio, que é ligada a uma determinada hora todas as noites. Nos candeeiros de rua convencionais, as lâmpadas utilizadas consomem mais energia e, nessa altura, não existe qualquer técnica de controlo disponível. Por isso, o desperdício de energia era maior. As luzes da rua permanecem ligadas mesmo quando não há trânsito. As tecnologias de iluminação pública inteligente, como o LED, emitem uma luz branca que fornece um elevado nível de lúmenes escotópicos, permitindo que as luzes de rua com potências mais baixas e menos lúmenes fotópicos substituam as luzes de rua existentes. Hoje em dia, as luzes de rua inteligentes são controladas por várias técnicas, como a rede de sensores sem fios, o sistema de controlo de luzes de rua baseado em Zigbee, o esquema de controlo baseado em microcontroladores e muito mais. Por exemplo, no sistema de controlo Zigbee, o controlo da iluminação pública é composto por três partes: o centro de controlo centralizado, o concentrador remoto e os terminais de controlo da iluminação pública. O centro de controlo centralizado reside normalmente num gabinete da administração local. No centro de controlo centralizado, os operadores monitorizam e controlam as luzes de rua utilizando o terminal do operador. Os computadores do centro de controlo centralizado comunicam com o concentrador remoto que controla as luzes instaladas ao longo de cada estrada.

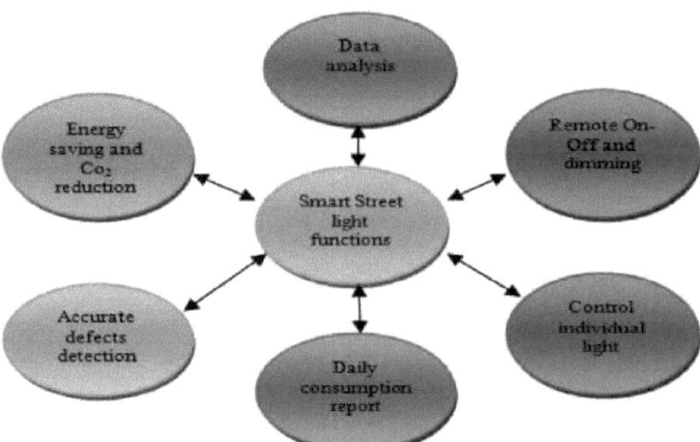

Figura 2.1: Representação das funções da iluminação pública inteligente

Os concentradores remotos controlam as luzes e recolhem informações sobre o seu estado. Em terceiro lugar, os componentes de um sistema de controlo da iluminação pública são os terminais de controlo da iluminação pública. Para controlar cada luz individualmente, é necessário este terminal de controlo da iluminação pública. É instalado em cada poste de iluminação pública para detetar o estado da luz e controlar a iluminação. Comunica com o concentrador remoto para dar e receber comandos e informações de estado para o centro de controlo. O Zigbee é um protocolo de comunicação em ascensão, que é utilizado para a transferência de dados entre o centro de controlo centralizado, o concentrador remoto e os terminais de controlo da iluminação pública. Com a ajuda destas técnicas de controlo acima mencionadas, o consumo de energia da iluminação pública pode ser reduzido através dos seguintes métodos

- Ligando as luzes da rua de forma organizada.
- Controlando a intensidade da luz das lâmpadas de 0 a 100 por cento.
- Desligar as luzes em locais selecionados onde não há trânsito depois da meia-noite.

2.5 ESTRUTURA DA ILUMINAÇÃO PÚBLICA CONVENCIONAL: A iluminação pública convencional pode ser montada num poste de madeira ou num poste de aço, que é alimentado por uma linha de cabo subterrânea que se liga à linha eléctrica mais próxima. No início do desenvolvimento da iluminação pública, todas as luzes de rua eram ligadas diariamente à noite e desligadas de manhã. Assim, este sistema exigia um trabalhador para o fazer diariamente. Por vezes, as luzes da rua permaneciam acesas durante o dia, o que aumentava o custo da fatura. Passados alguns anos, foi utilizado um controlador inteligente sob a forma de temporizador para ligar e desligar a iluminação pública com base numa hora pré-definida. Com a invenção dos sensores, o sistema de iluminação pública evoluiu para um nível superior com a utilização de LDR, fotodíodos, etc. Estes sensores são utilizados para detetar a iluminação ambiente circundante e ligam e desligam de acordo com a intensidade da luz detectada. Estes sensores são montados na parte superior do candeeiro de iluminação pública.

A estrutura do sistema convencional de iluminação pública é constituída pelos seguintes componentes.

1. Lâmpada
2. Balastro
3. Condensador
4. Ignitor
5. Resistência fotográfica

A lâmpada emite uma luz luminosa e é normalmente constituída por vapor de sódio. Quando o sensor detecta escuridão no ambiente, envia um sinal para invocar a ignição. A função do dispositivo de ignição é a de um interrutor temporizado que aquece os eléctrodos de tungsténio revestidos em ambas as extremidades. A ionização pela mistura de gases e os eléctrodos aquecidos, resulta na formação de cargas. O condensador retém a carga para ser libertada, o que dará início ao arco elétrico e acenderá a lâmpada. A função do balastro é manter a corrente da luz que foi ligada, limitando a corrente a uma quantidade adequada para a lâmpada.

2.6 ESTRUTURA DO SISTEMA DE ILUMINAÇÃO PÚBLICA INTELIGENTE: O sistema de iluminação pública inteligente é composto por três tipos de circuitos: módulo Zigbee, microcontrolador, circuito sensor e LED. Baseia-se numa aplicação de rede de sensores sem fios que utiliza a comunicação Zigbee, fornecendo capacidades de comunicação. Este sistema é alimentado maioritariamente por bateria. Assim, não há necessidade de um sistema de cabos subterrâneos. O cérebro do sistema global, denominado microcontrolador, controla os dados internos e externos. Quando estes controladores inteligentes detectam que o ambiente está escuro ou claro, enviam imediatamente um sinal ALTO ou BAIXO para ligar e desligar a luz da rua. Com a ajuda do transcetor Zigbee, o microcontrolador comunica todas as actividades e estados da luz de rua à estação de controlo, sem fios. O anfitrião da estação de controlo é capaz de monitorizar e controlar a luz de rua 24 horas por dia.

No sistema de iluminação pública inteligente, também podemos verificar o estado da lâmpada, como saudável, não saudável e defeituoso. Em condições saudáveis, a luz de rua funciona normalmente, ligando-se e desligando-se automaticamente para a luz do dia e da noite, mas em condições insalubres a luz de rua não se liga ou desliga e envia uma mensagem de feedback para a sala de controlo para notificar o anfitrião. O anfitrião pode ligar ou desligar a luz de rua manualmente e sem fios com a ajuda da interface gráfica do utilizador. Em caso de avaria, a luz de rua envia uma mensagem de erro para a sala de controlo para alertar o anfitrião ou o operador sobre a avaria. O operador é notificado e toma as medidas necessárias para efetuar as reparações. Em comparação com o sistema de iluminação pública convencional, o sistema de iluminação pública inteligente oferece uma elevada fiabilidade e uma manutenção reduzida graças à utilização do sistema de feedback. O sistema de feedback permite que a iluminação pública responda à sala de controlo, comunicando o seu estado e condição diários. Em vez do esquema acima descrito, muitas outras técnicas de controlo utilizadas no sistema de iluminação pública inteligente são as seguintes

1. Conceção do sistema de controlo da iluminação pública utilizando o protocolo de comunicação Zigbee.
2. Sistema de iluminação de rua autónomo baseado em GSM para uma gestão eficiente da energia.
3. Controlo de iluminação pública inteligente baseado em PLC usando LDR.
4. Sistema de controlo remoto de iluminação pública inteligente e de elevada eficiência utilizando uma rede Zigbee de dispositivos e sensores.
5. Sistema de escurecimento sem fios para candeeiros de rua LED baseado em Zigbee e GPRS.

2.7 BENEFÍCIOS DA ILUMINAÇÃO PÚBLICA:

Uma iluminação pública moderna, bem concebida, instalada e mantida proporciona muitos benefícios.

1. Ajuda a reduzir, em certa medida, o medo da criminalidade de rua.
2. Prevenção de acidentes noturnos com ferimentos pessoais.
3. Permite a utilização eficaz dos sistemas de CCTV nas cidades durante a noite.
4. Ajudar os serviços de emergência a identificar os locais e a desempenhar as suas funções.
5. Promover os transportes sustentáveis, os transportes públicos, a bicicleta e as deslocações a pé.
6. Promover o desenvolvimento económico através do apoio à economia do lazer 24 horas.
7. Facilitar a inclusão social, proporcionando a liberdade de utilizar a nossa rua depois de escurecer.

2.8 COMPARAÇÃO ENTRE DIFERENTES TIPOS DE ILUMINAÇÃO PÚBLICA

TECNOLOGIAS: A comparação entre os diferentes tipos de lâmpadas de iluminação baseia-se em algumas caraterísticas importantes, como indicado a seguir:

Light Technology	Life Time (hrs)	Lumens per watt	Color temperature	CRI	Ignition time	Considerations
Incandescent light	1000 -5000	11 – 15	2800K	40	Instant	very inefficient, short life time
Mercury vapor light	12000 –24000	13 – 48	4000K	15 – 55	up to 15 min	contains mercury
Metal halide light	10000– 15000	60 – 100	3000-4300K	80	up to 15 min	contains mercury and lead
High pressure sodium light	12000– 24000	45 – 130	2000K	25	up to 15 min	Low CRI, contains mercury and lead
Low pressure sodium light	10000– 18000	80 – 180	1800K	0	up to 15 min	Low CRI, contains mercury and lead
Fluorescent light	10000– 20000	60 – 100	2700-6200K	70 – 90	up to 15 min	UV radiation, contains mercury
Compact fluorescent light	12000– 20000	50 – 72	2700-6200K	85	up to 15 min	Low life / burnout, dimmer in cold weather
Induction light	60000-100000	70 – 90	2700-6500K	80	Instant	Higher initial cost, negatively affected by heat
Light emitting diode	50000–100000	70 – 150	3200-6400K	85 – 90	Instant	Relatively higher initial cost

O quadro 2.1 apresenta uma comparação entre as diferentes tecnologias de iluminação pública

2.9 CONCEPÇÃO DA ILUMINAÇÃO PÚBLICA: A iluminação pública deve ser concebida de modo a ser energeticamente eficiente, fiável e segura, tecnicamente avançada, rentável, conveniente para a manutenção, etc.

2.10 LISTA E DESCRIÇÃO DOS COMPONENTES UTILIZADOS:

1. **Alimentação CA de entrada:** A alimentação de 220 V, 50 Hz CA alimentada como o enrolamento primário do transformador abaixador.

2. **Transformador abaixador:** É um dispositivo estático que transfere energia eléctrica de um circuito para outro sem alterar qualquer frequência. O transformador abaixador é usado para abaixar a alimentação de 220V para 12V.
3. **Retificador:** Um retificador é um dispositivo elétrico que converte a corrente alternada, que inverte periodicamente o sentido, em corrente contínua unidirecional. O processo é conhecido como retificação. O díodo de junção p-n conduz apenas numa direção. Conduz quando é polarizado para a frente e praticamente não conduz quando é polarizado para trás. Assim, a condução ocorre apenas durante o meio ciclo positivo. Assim, o díodo de junção p-n sujeito a uma tensão alternada actua como um retificador, convertendo a tensão alternada numa tensão contínua pulsante. O retificador de onda completa conduz durante o meio ciclo positivo e o ciclo negativo da alimentação CA de entrada. Para retificar ambos os meios ciclos da entrada CA, são utilizados dois díodos neste circuito. Os díodos alimentam uma carga comum com a ajuda do transformador de derivação central. A tensão CA é aplicada através de um transformador de potência adequado com uma relação de transformação correta. A eficiência é elevada e o baixo fator de ondulação é uma das vantagens do retificador de onda completa.
4. **Filtro:** Sabemos que a saída de um circuito retificador de meia onda ou de onda completa não é uma corrente contínua pura, contém flutuações ou ondulações, que são indesejáveis. As ondulações são eliminadas com a ajuda de filtros.

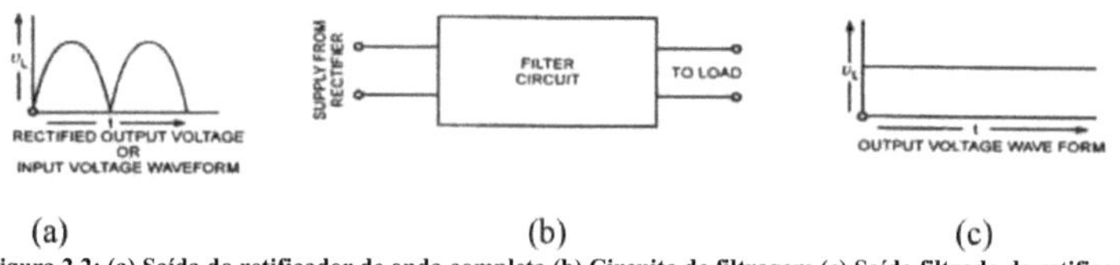

Figura 2.2: (a) Saída do retificador de onda completa (b) Circuito de filtragem (c) Saída filtrada do retificador

Idealmente, a saída do filtro deve ser DC pura. Na prática, o circuito de filtragem tenta minimizar as ondulações da saída, tanto quanto possível. Basicamente, a ondulação é uma CA, ou seja, varia com o tempo, enquanto a CC é constante em relação ao tempo. Assim, para separar a corrente contínua da ondulação, o circuito de filtragem utiliza componentes como a indutância e a capacitância, que têm impedâncias muito diferentes para a corrente alternada e para a corrente contínua. A indutância actua como um curto-circuito para a corrente contínua, mas tem uma grande impedância para a corrente alternada. Do mesmo modo, o condensador actua como um circuito aberto para a corrente contínua e quase curto-circuito para a corrente alternada, se o seu valor for suficientemente grande. Assim, um filtro é um circuito eletrónico composto por um indutor, um condensador ou uma combinação de ambos e ligado entre o retificador e a carga de modo a converter a corrente contínua pulsante em corrente contínua pura.

5. CI regulador de tensão 7805:

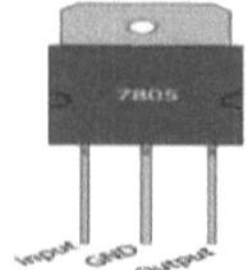

Figura 2.3: Configuração de pinos do IC 7805

Descrição dos pinos:

Pin No.	Function	Name
1	Input voltage (5V-18V)	Input
2	Ground (0V)	Ground
3	Regulated output: 5V (4.8V-5.2V)	Output

Caraterísticas:

- Corrente de saída até 1A
- Tensões de saída de 5, 6, 8, 9, 10, 12, 15, 18
- Proteção contra sobrecarga térmica
- Proteção contra curto-circuitos

Descrição: A série 78xx é uma família de circuitos integrados reguladores de tensão linear fixa autónoma que é normalmente utilizada em circuitos electrónicos que requerem uma fonte de alimentação regulada devido à sua facilidade de utilização e baixo custo. As linhas 78xx são reguladores de tensão positiva: produzem uma tensão que é positiva em relação a uma terra comum. Os CI da série 78xx têm proteção incorporada contra um circuito que consome demasiada energia. Têm proteção contra sobreaquecimento e curto-circuitos, o que os torna bastante robustos na maioria das aplicações. Em alguns casos, as caraterísticas de limitação de corrente dos dispositivos 78xx podem fornecer proteção não só para o próprio 78xx, mas também para outras partes do circuito. Este CI foi concebido como regulador de tensão fixa e, com um dissipador de calor adequado, pode fornecer uma corrente de saída superior a 1A.

6. **Transmissor:**

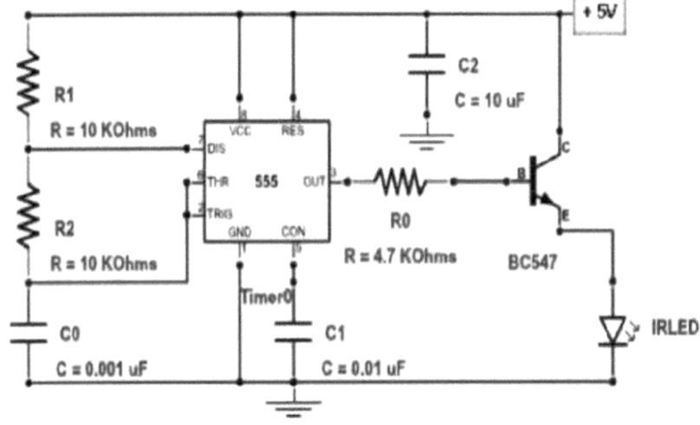

Figura 2.4: Diagrama do circuito do transmissor

O condensador de 10µF (C_2) é utilizado para reduzir as ondulações na fonte de alimentação. 1 O pinost é GND e V_{cc} 5V está ligado ao pino 8th . 4 O pinoth é o pino de reinicialização, que é uma entrada ativa baixa, pelo que está ligado a V_{cc} . 5 O pinoth é o pino da tensão de controlo, que não é utilizado nesta aplicação, pelo que está ligado à terra através de um condensador para evitar ruídos de alta frequência através desse pino. O condensador C_0 , as resistências R_1, R_2 determinam o período de tempo de oscilação. O condensador C_0 carrega-se para V_{cc} através das resistências R_i e R_2 . Descarrega-se através da resistência R_2 e do pino 7th do 555. A tensão no condensador C_0 é ligada aos comparadores internos através dos pinos 2nd e 6th do 555. A saída é obtida a partir do pino 3rd do CI. A constante de tempo de carga do condensador (período de saída HIGH) é determinada pela expressão 0.693 (R_1+R_2) C_0 e a constante de tempo de descarga (período de saída LOW) é determinada por $0.693R_2C_0$, sendo aproximadamente iguais.

7. **Recetor IR:** Para receber os sinais enviados pelo transmissor, precisamos apenas do TSOP382. V_s é ligado a 5 V e a terra ao pino GND do TSOP382. A saída do TSOP382 será BAIXA quando nenhum sinal cair sobre ele e a saída será ALTA quando os raios infravermelhos de 38 KHz caírem sobre ele.

8. **Transistor BC547:** O BC547 é um transistor de junção bipolar NPN. Um transístor, que significa transferência de resistências, é normalmente utilizado para amplificar a corrente. Uma pequena corrente na sua base controla uma corrente maior nos terminais do coletor e do emissor. É utilizado principalmente para fins de amplificação e comutação. Tem um ganho máximo de corrente de 800. Os seus transístores equivalentes são BC548 e BC549.

Figura 2.5: Configuração de pinos do transístor NPN

Os terminais do transístor necessitam de uma tensão DC fixa para funcionar na região desejada das suas curvas caraterísticas. Isto é conhecido como polarização. Para aplicações de amplificação, o transístor é polarizado de forma a estar parcialmente ligado para todas as condições de entrada. O sinal de entrada na base é amplificado e levado ao emissor. O BC547 é utilizado numa configuração de emissor comum para amplificadores. O divisor de tensão é o modo de polarização normalmente utilizado. Para aplicações de comutação, o transístor é polarizado de modo a permanecer totalmente ligado se houver um sinal na sua base. Na ausência de sinal na base, fica completamente desligado.

9. **LED IR:**

Figura 2.6: LED de infravermelhos

Um LED IR, também conhecido como transmissor IR, é um LED para fins especiais que transmite raios infravermelhos na gama de comprimento de onda de 760 nm. Estes LED são normalmente fabricados em arsenieto de gálio ou arsenieto de alumínio e gálio. Juntamente com os receptores IR, são normalmente utilizados como sensores. O seu aspeto é idêntico ao de um LED comum. Uma vez que o olho humano não consegue ver as radiações infravermelhas, não é possível a uma pessoa identificar se o LED IR está a funcionar ou não, ao contrário de um LED comum. Para ultrapassar este problema, pode ser utilizada a câmara de um telemóvel. A câmara pode mostrar-nos os raios infravermelhos que emanam do LED IR num circuito.

10. Predefinição:

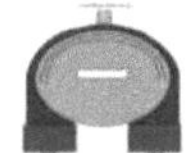

Figura 2.7: Predefinição utilizada para resistência variável

Um pré-ajuste é um componente eletrónico de três pernas que pode ser feito para oferecer uma resistência variável num circuito. A resistência é variada através do ajuste do controlo rotativo sobre o mesmo. O ajuste pode ser efectuado utilizando uma pequena chave de fendas ou uma ferramenta semelhante.

11. Condensador:

Figura 2.8: Condensador eletrolítico

Um condensador é um componente passivo utilizado para armazenar carga. Os condensadores oferecem uma reactância infinita a uma frequência zero, pelo que são utilizados para bloquear componentes DC ou para transmitir sinais AC. O condensador passa por um ciclo recursivo de carga e descarga em circuitos de corrente alternada em que a tensão e a corrente através dele dependem da constante de tempo RC. Por esta razão, os condensadores são utilizados para suavizar as variações da fonte de alimentação. Uma vez que os condensadores armazenam carga, devem ser cuidadosamente descarregados antes de se proceder à resolução de problemas nos circuitos. A tensão nominal máxima dos condensadores utilizados deve ser sempre superior à tensão de alimentação.

12. Resistência: Uma resistência é um componente eletrónico de dois terminais, normalmente utilizado, concebido para se opor a uma corrente eléctrica, produzindo uma queda de tensão entre os seus terminais proporcional à corrente, ou seja, de acordo com a lei de Ohm:

$$V = IR$$

13. Relé SPDT: O relé é um dispositivo eletromagnético utilizado para isolar eletricamente dois circuitos e ligá-los magneticamente. São frequentemente utilizados para ligar um circuito eletrónico a um circuito elétrico que funciona a uma tensão muito elevada. Por exemplo, um relé pode fazer com que um circuito de bateria de 5 V DC comute um circuito de rede de 230V AC. Assim, um pequeno circuito sensor pode acionar, por exemplo, uma ventoinha ou uma lâmpada eléctrica.

Figura 2.9: Relé SPDT

Um interrutor de relé pode ser dividido em duas partes: entrada e saída. A secção de entrada tem uma bobina que gera um campo magnético, quando lhe é aplicada uma pequena tensão de um circuito eletrónico. Esta tensão é designada por tensão de funcionamento. Os relés normalmente utilizados estão disponíveis em diferentes configurações de tensões de funcionamento, como 6 V, 9 V, 12 V, 24 V, etc. A secção de saída é constituída por contratantes que ligam ou desligam o mecanismo. Num relé básico, existem três contactos: normalmente aberto (NA), normalmente fechado (NF) e comum (COM). No estado sem entrada, o COM está ligado ao NO. Quando a tensão de operação é aplicada, a bobina do relé é energizada e o COM muda de contacto para NC. Estão disponíveis diferentes configurações de relés como SPST, SPDT, etc., que têm diferentes números de contactos de comutação. Utilizando a combinação adequada de contratantes, o circuito elétrico pode ser ligado e desligado.

14. LED: Os LEDs são dispositivos semicondutores. Tal como os transístores e outros díodos, os LED são feitos de silício. O que faz com que um LED emita luz são as pequenas quantidades de impurezas químicas que são adicionadas ao silício, como o gálio, o arsenieto, o índio e o nitreto. Quando a corrente passa pelo LED, este emite fotões como subproduto. As lâmpadas normais produzem luz aquecendo um filamento metálico até este ficar branco. Os LEDs produzem fotões diretamente e não através do calor, sendo muito mais eficientes do que as lâmpadas incandescentes.

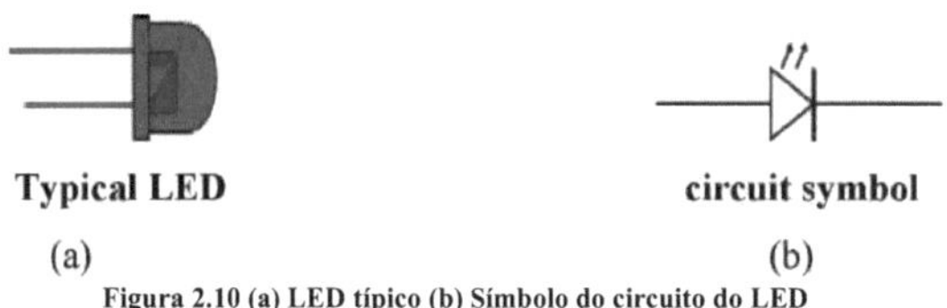

Figura 2.10 (a) LED típico (b) Símbolo do circuito do LED

15. NE 555 TIMER IC: O NE 555 timer IC é um circuito integrado (chip) utilizado numa variedade de aplicações de temporizador, geração de impulsos e oscilador. Pode ser utilizado para atrasos temporais, como oscilador e como elemento de flip-flop.

Figura 2.11: CI de temporizador NE555

DIAGRAMA DE PINOS:

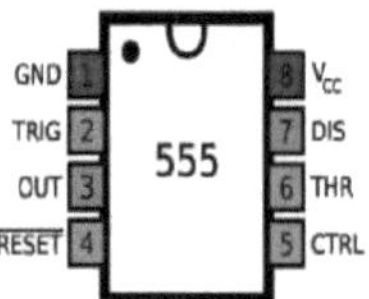

Fig. 2.12: Diagrama de pinos do CI temporizador NE 555

A ligação dos pinos para um pacote DIP é a seguinte:

PIN	NAME	PURPOSE
1	GND	Ground reference voltage, low level (0 V)
2	TRIG	The OUT pin goes high and a timing interval starts when this input falls below 1/2 of CTRL voltage (which is typically 1/3 of *V*CC, when CTRL is open)
3	OUT	This output is driven to approx. 1.7 V below +*V*CC or GND.
4	RESET	A time interval may be reset by driving this input to GND, but the timing does not begin again until RESET rises above approximately 0.7 volts.
5	CTRL	Provides "control" access to the internal voltage divider (by default, 2/3 *V*CC).
6	THR	The timing (OUT high) interval ends when the voltage at THR is greater than that at CTRL (2/3 *V*CC if CTRL is open).
7	DIS	Open collector output which may discharge a capacitor between intervals.
8	V_{cc}	Positive supply voltage, which is usually between 3 and 15 V depending on the variation.

Modos:

O 555 tem os seguintes modos de funcionamento:

- **Modo monoestável:** Neste modo, o 555 funciona como um gerador de impulsos "one-shot". As aplicações incluem temporizadores, deteção de impulsos em falta, interruptores sem ressalto, interruptores tácteis, divisores de frequência, medição de capacitância, modulação por largura de impulsos (PWM), etc.

- **Modo astável (funcionamento livre):** O 555 pode funcionar como um oscilador. As utilizações incluem LEDs e intermitentes de lâmpadas, geração de impulsos, relógios lógicos, geração de tons, alarmes de segurança, modulação de posição de impulsos.

Especificações:

Supply voltage (V_{cc}) 4.5 to 15 V	4.5 to 15 V
Supply current (V_{cc}) = +5 V)	3 to 6 mA
Supply current (V_{cc}) = +15 V)	10 to 15 mA
Output current (maximum)	200 mA
Maximum Power dissipation	600 mW
Power consumption (minimum operating)	30 mW@5V, 225 mW@15V
Operating temperature	0 to 70° C

Capítulo 3

IMPLEMENTAÇÃO DE HARDWARE

3.1 CONTROLO AUTOMÁTICO DA INTENSIDADE DA LUZ DA LÂMPADA LED:

3.1.1 DIGRAMA DO CIRCUITO:

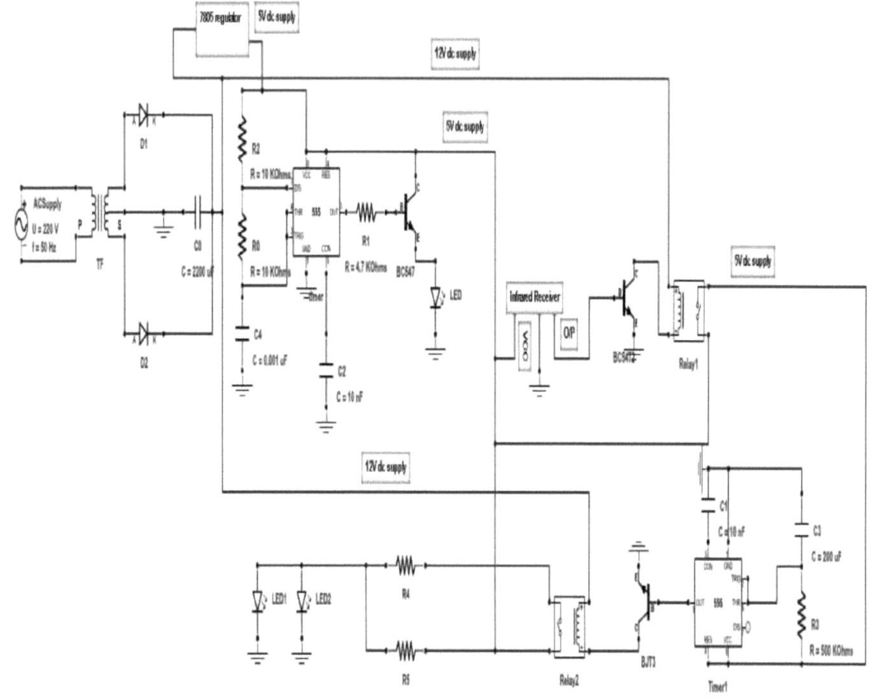

Figura 3.1: Diagrama do circuito de controlo automático da intensidade luminosa da lâmpada LED

3.1.2 FLUXOGRAMA: O fluxograma seguinte explica o funcionamento do controlo automático da intensidade da luz de rua da lâmpada LED.

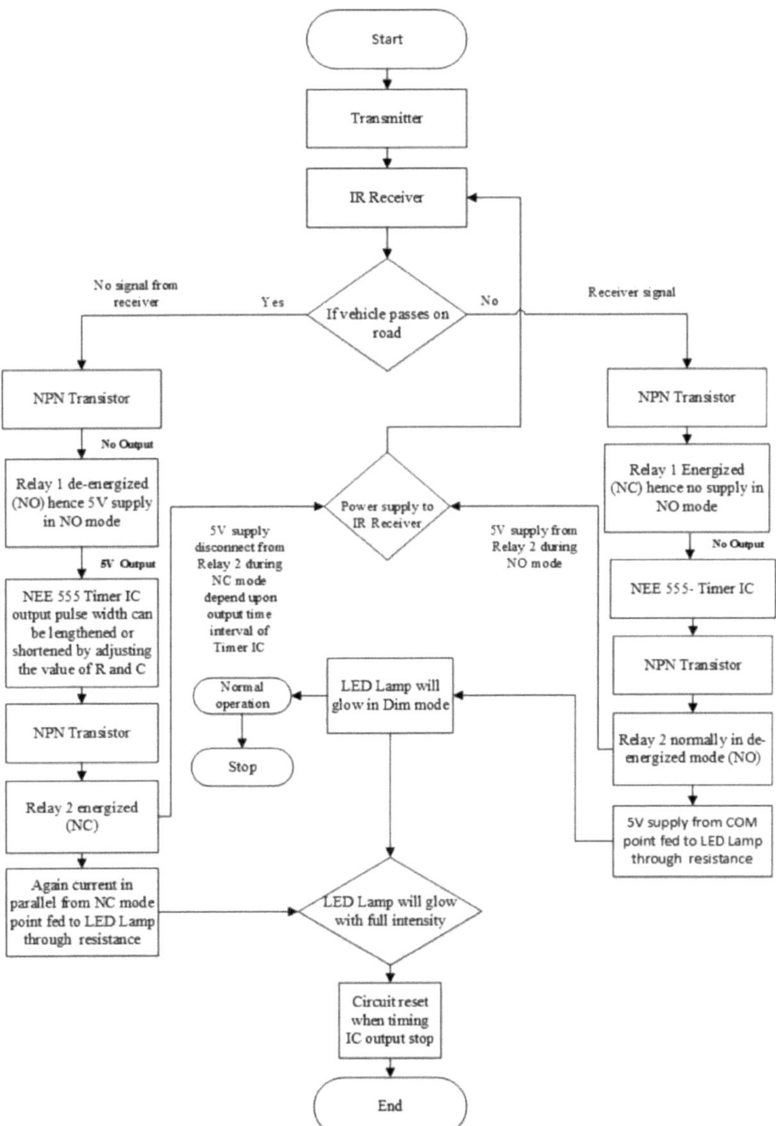

Fluxograma n.º 3.1: Controlo automático da intensidade da luz da lâmpada LED

3.1.3 TRABALHO:

ENTRADA: A alimentação de entrada 220V, 50 Hz AC é alimentada como o primário do transformador e a alimentação de 12V é obtida na saída do transformador. A saída do transformador ainda é AC. Por isso, é convertida em corrente contínua com a ajuda de um retificador de onda completa. A saída do retificador tem a forma de uma corrente contínua pulsante. Por isso, utiliza-se um condensador em paralelo para eliminar as ondulações da alimentação e obtém-se uma corrente contínua pura. Esta alimentação de 12 V é convertida em 5 V com a ajuda do CI 7805, utilizado para componentes que funcionam com 5 V. Um transmissor é colocado num dos lados da estrada e o recetor IR é colocado em frente ao transmissor, perto das torres de iluminação pública. O transmissor envia sinais a toda a hora, ou seja, ambos comunicam entre si quando não passa nenhum veículo na estrada e a saída do recetor IR será BAIXA quando não cair nenhum sinal sobre ele e a saída será ALTA quando caírem raios infravermelhos de 38 KHz sobre ele.

SAÍDA: Os modos de saída são explicados em pormenor como se segue:

MODO DIM: Quando nenhum veículo passa numa estrada, durante esse tempo, tanto o transmissor como o recetor comunicam entre si o tempo todo, ou seja, o sinal do transmissor continua a cair no recetor, pelo que a saída do recetor será ALTA. Assim, o sinal do recetor IR alimentado ao relé 1 (12V) no seu pino n.º 2, será ativado e funcionará no modo normalmente fechado (NC). O pino n.º 1 do relé 1 está diretamente ligado à alimentação de 12V DC. As lâmpadas LED funcionarão em modo de escurecimento e a alimentação será dada às lâmpadas LED diretamente ligadas a partir do pino comum 3 do relé 2 que está ligado à alimentação de 5V, adicionando resistência em série. Neste modo, o LED brilhará a meia intensidade.

MODO COMPLETO: Neste modo, quando qualquer veículo passa numa estrada, a ligação de comunicação entre o transmissor e o recetor será interrompida, ou seja, nenhum sinal cairá no recetor, portanto, a saída do recetor IR será BAIXA apenas nesse instante. Assim, nenhuma saída alimentada para a base do transistor BC 547 e o relé 1 é desenergizado e começa a operar no modo NO.

No modo NO, o pino comum n.º 3 (5 V) do relé 1 é ligado ao pino n.º 5. Assim, esta alimentação de 5 V alimenta o NE 555 timer IC como entrada no seu pino nº 8 (V_{cc}). Aqui, o temporizador IC opera em modo Monoestável. O sinal de saída do pino n.º 3 do CI temporizador é alimentado na base do segundo transístor e o sinal de saída é recebido no coletor (o emissor está ligado à terra). Este sinal é alimentado ao pino n.º 2 do relé 2. O pino n.º 1 está diretamente ligado à alimentação de 12V DC, pelo que o relé 2 funciona, passando do modo normalmente aberto para o modo normalmente fechado. A alimentação vai para o recetor IR a partir do pino nº 4 do relé 2 quando o relé está no modo normalmente aberto e desliga-se quando o modo do relé 2 muda de NO para NC. O pino comum n.º 3 do relé 2 é ligado ao pino n.º 5; isto irá desligar a alimentação do recetor e enviar novamente corrente em paralelo para as lâmpadas LED através da resistência em série. Esta adição de corrente aumentará a intensidade luminosa das lâmpadas LED de metade para a intensidade máxima. O período de energização da bobina do relé 2 depende do intervalo de saída do temporizador IC555 que pode ser aumentado ou diminuído através da resistência-500kQ (Preset) usada no IC555. Após alguns segundos, o circuito volta à sua posição anterior, ou seja, entra em modo de escurecimento.

As vantagens de utilizar estes dois modos são:

1. Poupança de energia
2. Redução da poluição luminosa

3.2 COMUTAÇÃO AUTOMÁTICA DO SISTEMA DE ILUMINAÇÃO PÚBLICA INTELIGENTE

3.2.1 DIAGRAMA DE CIRCUITO:

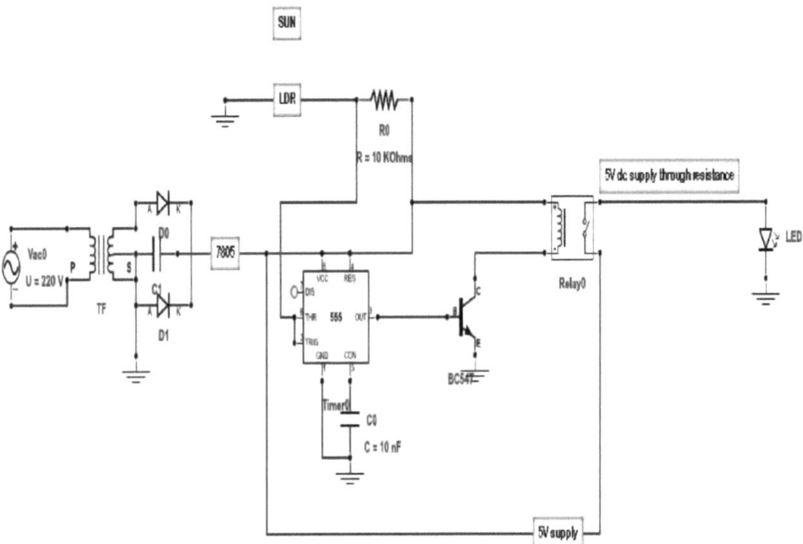

Figura 3.2: Diagrama do circuito de comutação automática do sistema de iluminação pública

3.2.2 FLUXOGRAMA: O fluxograma seguinte explica o funcionamento da comutação automática sistema de iluminação pública inteligente.

Fluxograma n.º 3.2: Comutação automática do sistema de iluminação pública inteligente

Start
If sun rises
Yes
Light fall on LDR
No
LDR resistance increases
Trigger pin 2 of NE 555 is at lower then 1/3rd level of the supply voltage
NE 555 Timing IC output goes HIGH(1)
Relay energized hence 5V supply in NC mode
LED's will start glowing during night
End
LDR resistance decreases
Trigger pin 2 of NE 555 is at above then 1/3rd level of the supply voltage
NE 555 Timing IC output goes LOW(0)
Relay de-energized hence no supply in NC mode
LED's will not glow at day time
Stop

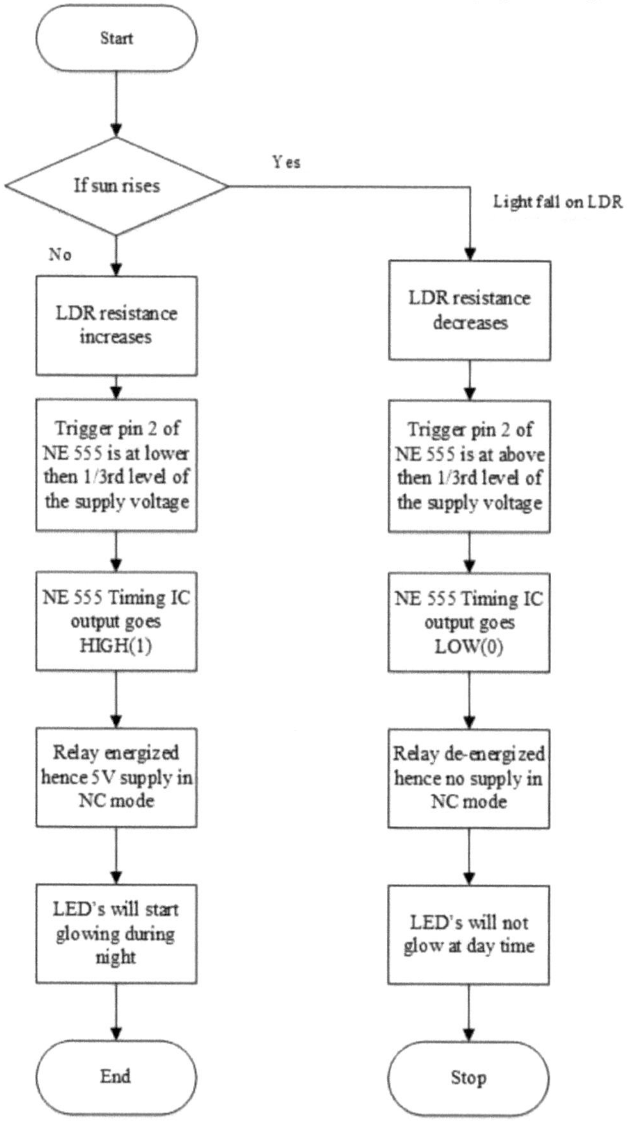

3.2.3 FUNCIONAMENTO: O circuito acima é feito para projetar o sistema de comutação automática da luz de rua inteligente. O funcionamento do circuito depende das condições do dia e da noite. **Durante o dia**: Os raios de sol continuam a incidir sobre o LDR e a sua resistência diminui, o que resulta num aumento da tensão no pino 2 do IC 555. O IC 555 tem um comparador incorporado, que compara a tensão de entrada do pino 2 com 1/3 da tensão da fonte de alimentação. A entrada sobe acima de $1/3^{rd}$, a saída é definida como LOW e o relé é desenergizado. Durante o modo de desenergização, o relé funcionará no modo NO; portanto, não há alimentação no modo NC. Assim, a luz da rua não acenderá durante o dia.

Durante a noite: À noite, quando não há queda de luz no LDR, ou seja, sua resistência aumenta, o que resulta em uma diminuição da tensão no pino 2 do IC 555. A saída do CI de temporização fica ALTA e o relé é ativado e começa a funcionar em modo NC. Assim, a fonte de alimentação do ponto COM do relé é conectada com as luzes da rua e será ligada durante a noite.

No dia seguinte, quando o sol nascer, a luz apagar-se-á automaticamente.

3.2.4 BENEFÍCIOS:

1. Ao utilizar o sistema de comutação automática da luz de rua inteligente, podemos também reduzir o consumo de energia, uma vez que o sistema de iluminação de funcionamento manual não é ligado mais cedo antes do pôr do sol e também não é desligado corretamente após o nascer do sol.
2. Eliminação total da mão de obra.
3. Redução das emissões de dióxido de carbono.
4. Redução dos custos.
5. Maior satisfação da comunidade.
6. Reduzir os custos de energia

3.2.5 APLICAÇÕES:

1. Iluminação pública
2. Luzes de estacionamento
3. Luzes de jardim

3.2.6 CONCLUSÃO: Esta técnica é uma forma económica, ecológica e fácil de poupar energia.

3.3 SUN SEEKER

3.3.1 DIAGRAMA DE CIRCUITO:

Figura 3.3: Diagrama do circuito do Sun Seeker

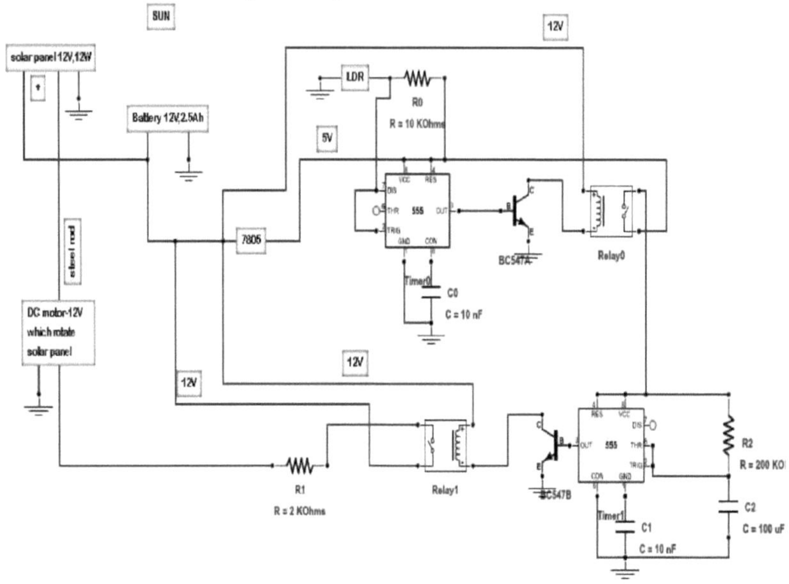

3.3.2 O seguinte fluxograma explica o funcionamento do sistema de captação de luz solar.

Fluxograma n.º 3.3: O caçador de sol

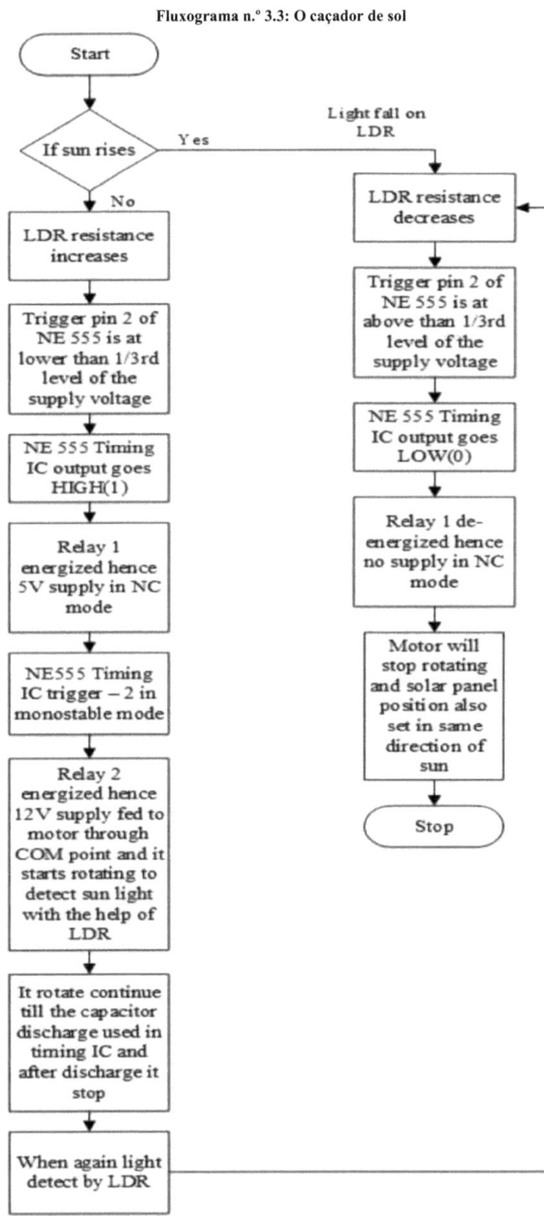

3.3.3 FUNCIONAMENTO: O circuito acima é feito para o sistema de rastreamento do buscador de sol que atinge a energia máxima do sol durante o dia e a energia solar é usada para carregar a bateria, que é usada para iluminação durante a noite.

DURANTE O DIA, QUANDO O SOL NASCE: Quando a luz incide sobre o LDR, a sua resistência diminui, portanto, a tensão no pino nº 2 do NE 555 temporizado IC-1 é superior a 1/3 da tensão de alimentação. Assim, a saída do IC vai para BAIXO (0) e, portanto, o relé 1 fica estável no modo desenergizado. Durante o modo desenergizado, não há alimentação no modo NC. Assim, o motor deixará de rodar nessa direção, a partir da qual detecta a luz solar.

À NOITE, QUANDO O SOL ESTÁ PRESTES A PÔR-SE: À noite, quando o sol se põe, isso significa que nenhuma luz incide sobre o LDR e sua resistência aumenta, então a tensão no pino nº 2 do NE 555 timing IC-1 é menor que o nível de 1/3 da tensão de alimentação. Assim, a saída do IC vai para HIGH (1) e o relé 1 é ativado. Assim, há uma alimentação de 5 V no modo NC. Quando o relé começa a operar em modo NC, então o NE 555 temporizado IC-2 também dispara e começa a operar em modo Monoestável. Durante este período, o relé 2 também é ativado e começa a funcionar em modo NC. A partir do modo NC do relé, a alimentação de 12V vai para o motor DC e este começa a rodar para detetar o sol com a ajuda do LDR. O motor continua a rodar dependendo do período de tempo, que depende ainda da resistência e do condensador utilizados para o modo Monoestável. Durante a noite, pára de rodar e, de manhã, volta a funcionar e detecta o sol para obter o máximo de energia solar.

ALIMENTAÇÃO DE ENERGIA DA BATERIA PARA AS LÂMPADAS LED: A energia produzida pelo módulo fotovoltaico é guardada na bateria durante o dia e fornecida às lâmpadas LED durante a noite. O relé SPDT é utilizado para fazer a interface entre a energia da bateria e a energia de uma fonte de rede com a iluminação pública LED. Quando a rede é utilizada como fonte, o relé é ativado e a energia da bateria é cortada automaticamente quando a energia da rede é desligada, o relé é desenergizado e liga a energia da bateria às luzes de rua LED.

As vantagens do sistema de seguimento são orientar continuamente os painéis fotovoltaicos para o sol e obter o máximo de energia; são benéficos porque a posição do sol no céu muda gradualmente ao longo do dia e ao longo das estações do ano.

4.1 COMPARAÇÃO:

Figura 4.1: Vista da iluminação nocturna das lâmpadas HPS e LED de diferentes classificações

A imagem acima mostra a diferença entre a Lâmpada de Sódio de Alta Pressão (250W) e o Diodo Emissor de Luz (120W). A luz de rua LED branca parece mais brilhante devido ao seu CRI>80 (índice de reprodução de cor) mais elevado e os objectos iluminados podem ser identificados claramente. Os objectos são difíceis de identificar no caso do HPS devido ao baixo CRI-40, embora o HPS produza muito mais lúmens. Por conseguinte, não é necessário que as luzes LED atinjam os mesmos níveis de Lux que as HPS para obter um efeito luminoso equivalente.

As especificações das lâmpadas HPS e LED são as seguintes

Lâmpada LED, especificação 120W:

- Potência = 120W
- Tensão de entrada = AC 85-265V
- Frequência de funcionamento = 50-60 Hz
- Temperatura de funcionamento = -45° a 50 C°
- Eficiência da lâmpada: >95%
- Distorção harmónica: <10%
- Fator de potência: >0,95
- Eficiência luminosa do LED: 90-100 lm/W
- Fluxo luminoso: >10200 lm
- Cor (CRI): branco frio / branco: Ra>80, branco quente: Ra>70
- Temperatura de cor: 6000-7000K, branco quente: 3000-4000K
- Ângulo de feixe: 120^0 , 90^0

LÂMPADA HPSV, 250W ESPECIFICAÇÕES:

- Potência = 250W
- Temperatura de cor = 1900/2000K
- CRI elevado = 40

- Tensão da lâmpada = 127/253V
- Fluxo luminoso = 2800lm/3200lm
- Cor da luz - Laranja cor-de-rosa

4.2 CUSTO TOTAL INICIAL DA LÂMPADA DE LED: Na **Universidade de Thapar**, são utilizadas cerca de 200 lâmpadas de iluminação pública, que consistem em 95% de lâmpadas de vapor de sódio (250W) e 5% de lâmpadas de iodetos metálicos. Se substituirmos estas lâmpadas por lâmpadas LED, podemos poupar uma grande quantidade de energia, contas de eletricidade e também reduzir as emissões de CO2 por ano.

O custo de uma lâmpada LED de 120W = Rs 12000

Custo de 200 unidades de lâmpada LED de 120W = Rs 12000x200 = Rs 24, 00,000

4.3 POUPANÇA DE ENERGIA POR ANO SE A LÂMPADA HPS FOR SUBSTITUÍDA POR LED:

- **LÂMPADA DE SÓDIO DE ALTA PRESSÃO:**

1. Lâmpada: Lâmpada de sódio de alta pressão (250W)
2. Vida útil: 24000 horas
3. Velocidade de arranque: bastante baixa (mais de 10 minutos)
4. Poluição ambiental: contém um elemento de chumbo
5. Manutenção: é necessária uma manutenção frequente

Cálculo:

1. A potência consumida por 250W por dia com 1 aparelho durante 10 horas = (250/1000) x10 horas = 2,5 kWh = 2,5 unidades
2. A potência consumida por 250W por dia para 200 aparelhos durante 10 horas de funcionamento = (250/1000) x10 horas x200 = 500 kWh = 500 unidades
3. Total de emissões de Co_2 por ano = 182 toneladas

- **DÍODO EMISSOR DE LUZ:**

1. Lâmpada: Díodo emissor de luz (120W)
2. Vida útil: Longa > 50000hrs
3. Velocidade de arranque: Rápida (2s)
4. Aquecimento: Luz fria
5. Poluição ambiental: menor em comparação com HPS
6. Manutenção: Quase nula

Cálculo:

1. A potência consumida por 120W por dia com 1 aparelho durante 10 horas = (120/1000) x10 horas = 1,2 kWh = 1,2 unidades
2. A potência consumida por 120W por dia para 200 aparelhos durante 10 horas de funcionamento = (120/1000) x10 horas x200 = 240 kWh = 240 unidades
3. Total de emissões de Co_2 por ano = 87,36 toneladas

- **POUPANÇA DE ENERGIA:**

1. Por dia Poupança de energia com 200 luminárias LED = 500-240 = 260kWh = 260 unidades
2. Por mês Poupança de energia com 200 luminárias LED = 260x30 = 7800 unidades

3. Por ano, poupança de energia = 7800x12 = 93600 unidades

- **POUPANÇA DE DINHEIRO:**

1. Poupança total de dinheiro por ano = Número total de unidades x custo unitário por kWh
2. Custo unitário por kWh de iluminação pública = Rs 6,10 (de acordo com o relatório da Punjab Power Regulatory Commission, 2014)
3. Poupança total = Rs 6,10x93,600 = Rs 570960

- **REDUÇÃO DE CO_2 :** Redução das emissões de Co_2 por ano = 182- 87,6 toneladas = 94,64 toneladas por ano
- **PERÍODO DE REEMBOLSO:**

  Custo de manutenção anual do LED = Nulo

  Fórmula utilizada = (Custo inicial) / (poupança anual) - Custo de manutenção

  = 2400000/570960 = 4,2 anos

4.4 CONCEPÇÃO DE SISTEMAS FOTOVOLTAICOS FORA DA REDE PARA ILUMINAÇÃO PÚBLICA NA UNIVERSIDADE DE THAPAR:

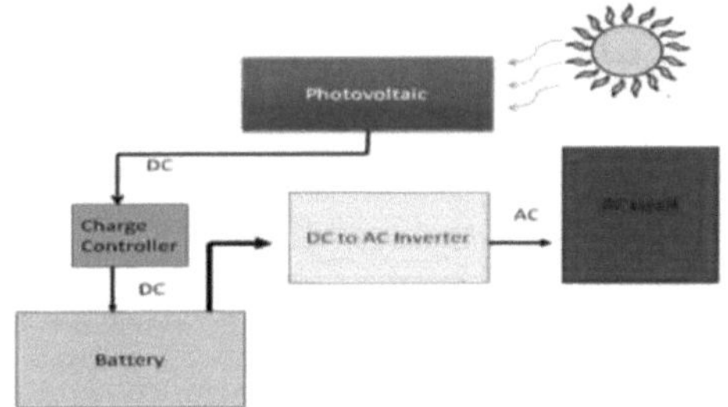

Figura 4.2: Sistema fotovoltaico autónomo com armazenamento de baterias

Na **Universidade Thapar**, cerca de 200 candeeiros de rua são utilizados para a iluminação nocturna e cada lâmpada LED tem uma potência de 120W. Os componentes do sistema utilizados são os seguintes

i. **Painéis solares:** Vários módulos fotovoltaicos são ligados em paralelo ou em série, o que dá uma saída DC da irradiação incidente. Os parâmetros de conceção importantes dos módulos fotovoltaicos são a orientação e a inclinação, bem como o sombreamento por obstáculos circundantes. Existem diferentes tipos de células solares, por exemplo

   - **Células monocristalinas:** São fabricadas com células cortadas a partir de um único cristal cilíndrico de silício. Oferecem a eficiência mais elevada (18%) e o seu processo de fabrico complexo torna-as ligeiramente mais caras.
   - **Células policristalinas:** São fabricadas através do corte de bolachas micro-finas a partir de lingotes de silício fundido e cristalizado. A sua produção é mais barata, mas a eficiência (14%) fica ligeiramente comprometida.

ii. **Controlador do carregador solar:** É o principal componente do sistema fotovoltaico fora da rede, também designado por cérebro do sistema. É responsável pelo desempenho, durabilidade e funções. É também conhecido como regulador solar. Controla o fluxo de corrente de e para as baterias para as proteger de sobrecarga, depois de atingir a tensão necessária na bateria. Também protege de novo a sobrecarga quando a carga provoca uma tensão crítica/mínima na bateria.

iii. **Baterias:** O banco de baterias utiliza um número de baterias de ciclo profundo ligadas em série e em paralelo, dependendo dos requisitos de tensão e corrente. A energia produzida pelos módulos fotovoltaicos é guardada nas baterias e descarregada quando é necessária. A energia eléctrica armazenada nas baterias é utilizada para iluminação durante a noite.

iv. **Inversor de onda sinusoidal pura:** Um conversor de energia que converte a energia CC produzida pelos módulos solares em energia CA. As caraterísticas do sinal de saída devem corresponder aos limites de tensão, frequência e qualidade da energia na rede. A classificação do inversor é em watt ou quilowatt.

v. **Carga:** É o componente responsável por absorver essa energia e transformá-la em trabalho

> CONCEPÇÃO DE UM SISTEMA FOTOVOLTAICO FORA DA REDE:

A. **Determinar as necessidades de consumo de energia:** O primeiro passo na conceção de um sistema solar fotovoltaico é descobrir a potência total e o consumo de energia de todas as cargas que precisam de ser alimentadas pelo sistema solar fotovoltaico da seguinte forma:

Carga total de iluminação = 120Wx200 = 24000W

As lâmpadas utilizam 10 horas por dia = 24000x10hrs = 240000 Wh/dia

O total de painéis fotovoltaicos, energia necessária = 240000x1,25 = 300000 Wh/dia (+25% de energia de reserva e perdas)

Dimensionamento do gerador fotovoltaico:

Total de W_p de capacidade do painel fotovoltaico necessário = 300000/7 = 42857 W_p

Fator **7** = Exposição solar diária média em horas em Patiala durante o verão, mas no inverno pode ser de 4-5 horas. Exposição solar diária em horas em Patiala durante o verão, mas no inverno pode ser de 4-5 horas.

N.º de painéis fotovoltaicos necessários = 42857/180W_p = 238 módulos de 180W_p

Este sistema deve ser alimentado por pelo menos 238 módulos de 180W_p que serão ligados em série-paralelo.

B. **Dimensionamento do inversor:**

Potência total da carga de iluminação = 24000W

Por razões de segurança, o inversor deve ser considerado 25-30% maior.

O tamanho do inversor deve ser de cerca de 24000x1.3 = 31200W = 32000W ou superior.

C. **Dimensionamento da bateria:**

Carga total de iluminação = 24000Wx10hrs

Tensão nominal da bateria = 24V

Dias de autonomia = 3 dias

Perda de bateria = 0,85

Profundidade de descarga = 0,5

Capacidade da bateria (Ah) = total de watt-hora utilizados pela carga* dias de autonomia/ (perda da bateria* profundidade da descarga* tensão nominal)

Capacidade da bateria = (24000W*10hrs) * 3/ (0,85*0,5*24)

Total de amperes-hora necessários= 70588Ah

Assim, a bateria deve ter uma capacidade de 24V e cerca de 70588Ah para uma autonomia de 3 dias.

D. Dimensionamento do controlador de carga:

As especificações técnicas do módulo de 180W_p são as indicadas abaixo:

Potência = 180Wp

Tensão = 24V

Corrente = 5A

Tipo - Policristalino

Eficiência do módulo = 14,3%

Temperatura = 25° C

Dimensão = 1593*790*50 mm

Área de um painel único = 1258470 mm ou 1,259 m^2

Ângulo de inclinação (declive) do módulo FV = 30° 7'

Montagem - tipo fixo

Corrente (A): A corrente nominal do controlador de carregamento solar = (238*5A) *1,25 = 1487.5A (proteção de segurança de 25%).

O controlador de carga solar deve ter uma potência nominal de 1487,5 A ou superior.

Tensão (V): A tensão fotovoltaica (V_{oc}) de 238*180W_p painéis, ligados em paralelo, será de 24*1,2 = 28,8V (20% de segurança).

A tensão máxima permitida num controlador PWM de 24V é de 52V e não deve exceder 28,8V.

De acordo com o cálculo acima (238*180W_p), deve ser escolhido um controlador de carregador PWM de 1487,5A para um sistema de 24V.

4.5 REPRESENTAÇÃO GRÁFICA DOS CÁLCULOS:

1. O gráfico 4.1 representa a potência consumida por 200 aparelhos por dia pela High Lâmpada de vapor de sódio e lâmpada LED.

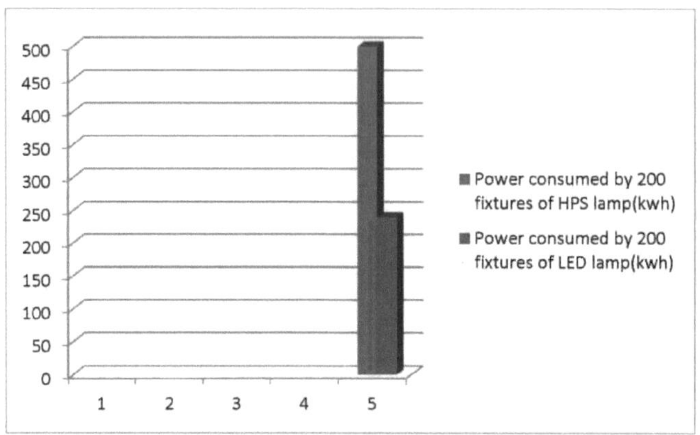

Gráfico 4.1: Potência consumida pela lâmpada HPS e pela lâmpada LED

2. O gráfico 4.2 representa o tempo de vida útil das lâmpadas HPS e LED

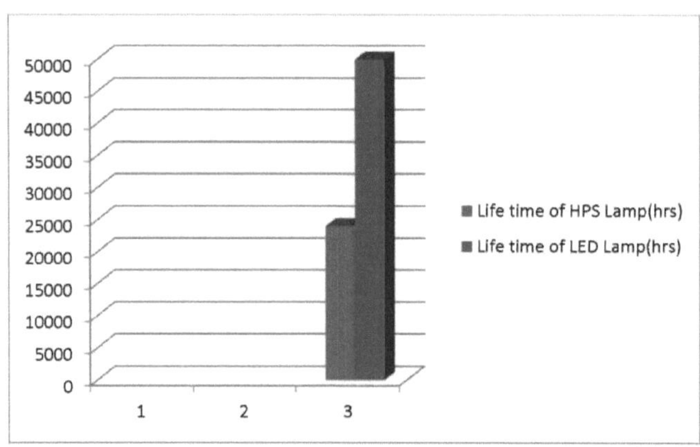

Gráfico 4.2: Horas de vida útil das lâmpadas HPS e LED

3. O gráfico 4.3 representa a poupança de energia por mês e por ano em 200 equipamentos se substituirmos a lâmpada HPS por LED

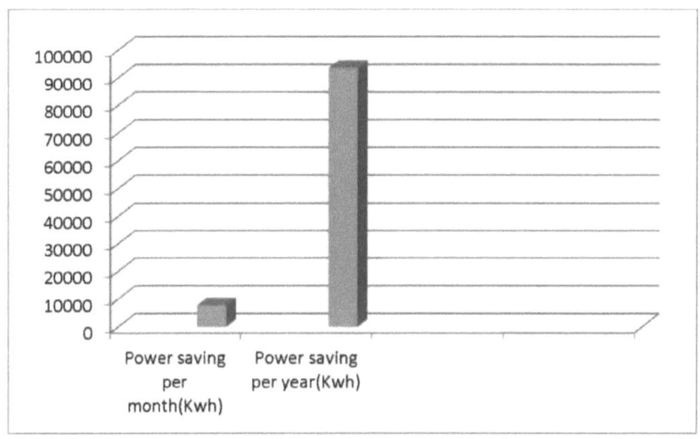

Gráfico 4.3: Poupança de energia anual

4. O gráfico 4.4 representa a poupança de dinheiro num ano.

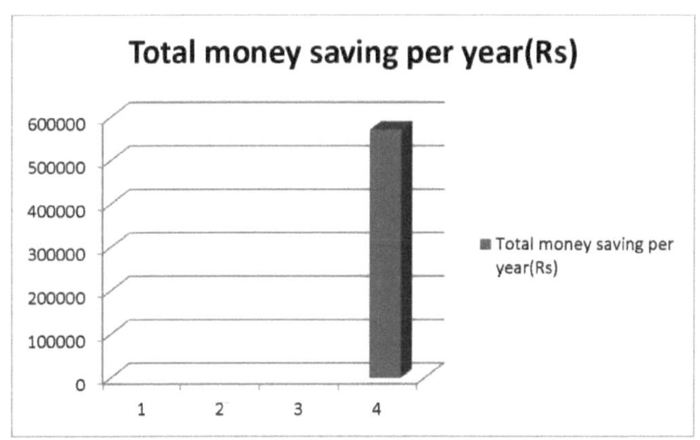

Gráfico 4.4: Poupança anual de dinheiro

5. O gráfico 4.5 representa a potência útil de HPS e LED

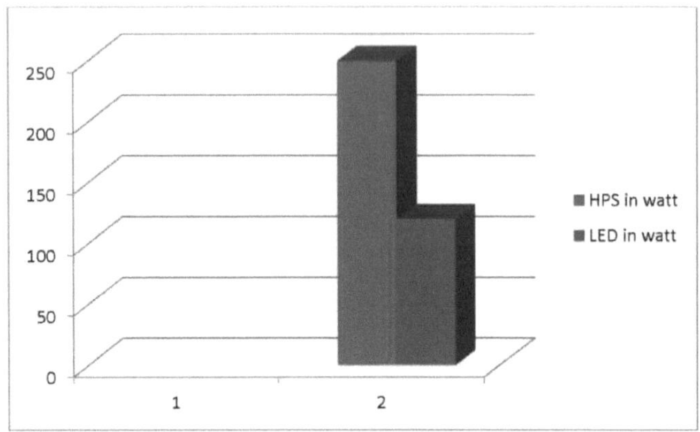

Gráfico 4.5: Potência utilizável por HPS e LED

6. O gráfico 4.6 representa a redução de Co_2 por ano ao substituir HPS por LED

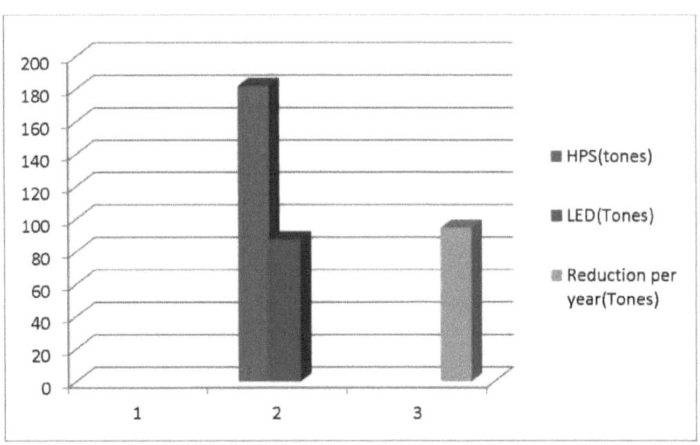

Gráfico 4.6: Co_2 redução por ano

4.4 CARACTERÍSTICAS DE CARGA E DESCARGA DA BATERIA UTILIZADA COM O PAINEL SOLAR:

- Para qualquer sistema elétrico baseado em baterias, é essencial estudar as caraterísticas de carga e descarga da bateria para garantir um funcionamento satisfatório quando esta for ligada em condições reais de funcionamento. Para o sistema utilizado no presente trabalho, ambas as caraterísticas são observadas em condições de irradiância satisfatórias e são indicadas abaixo na figura. 4.7 e figura 4.8.

  A tensão de carga da bateria num intervalo de quatro minutos é apresentada na tabela 4.1 e as observações são representadas na figura 4.7 como as caraterísticas de carga. Observa-se que a tensão aumenta gradualmente em função do tempo e atinge 12,76 V, mantendo-se depois constante. De acordo com as especificações, a tensão de carga, que é a saída do painel solar, é de 13,7 V em condições de funcionamento ideais. Mas, de acordo com o nível de irradiância em 8th julho de 2014 da observação, verifica-se que é no máximo 12,76V.
- As caraterísticas de descarga, como se mostra na figura 4.8, são de natureza descendente, de acordo com as caraterísticas de descarga comuns da bateria.
- Corrente de carga quando as lâmpadas LED se fundem no modo Dim = 0,12A Corrente de carga quando as lâmpadas LED se fundem no modo Full = 0,26A Tensão da bateria = 12V

  Potência = tensão x corrente

  Assim, a potência da carga durante o modo Dim = 0,12A x 12V = 1,44W

  Potência da carga durante o modo completo = 0,26A x 12V = 3,12W

4.6.1 Especificações da bateria:

i. Tipo de bateria = Bateria selada de chumbo-ácido sem manutenção (SMF)
ii. Capacidade Ah = 2,5Ah
iii. Tensão nominal = 12V
iv. Tensão de carregamento = 13,7V
v. Corrente nominal nominal = 750mA

4.6.2 Caraterísticas de carregamento:

Tabela no. 4.1: Leitura da tensão da bateria durante o carregamento

Sr. No.	Time (4 min. interval)	Voltage(V)
1	12:11PM	12.61
2	12:15 PM	12.62
3	12:19 PM	12.63
4	12:23 PM	12.64
5	12:27 PM	12.65
6	12:31PM	12.66
7	12:35 PM	12.67
8	12:39 PM	12.68
9	12:41 PM	12.68
10	12:51 PM	12.69
11	12:53 PM	12.71
12	12:55 PM	12.71
13	12:57 PM	12.72
14	1:01 PM	12.72
15	1:05 PM	12.73
16	1:09 PM	12.73
17	1:13 PM	12.73
18	1:17 PM	12.74
19	1:21 PM	12.75
20	1:25 PM	12.75
21	1:29 PM	12.76
22	1:33 PM	12.76
23	1:37 PM	12.76
24	1:41 PM	12.76
25	1:45 PM	12.76
26	1:49 PM	12.76
27	1:54 PM	12.76
28	1:59 PM	12.76
29	2:03 PM	12.76
30	2:07 PM	12.76

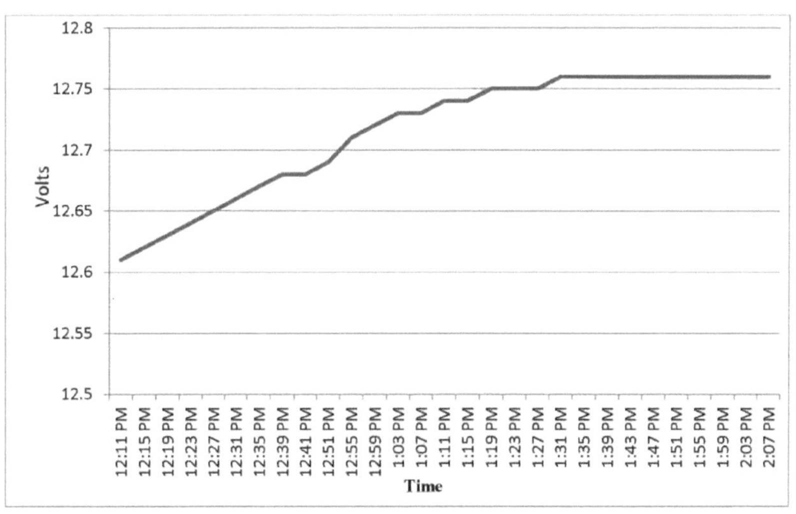

Gráfico 4.7: Caraterísticas de carregamento da bateria

4.6.3 Caraterísticas de descarga:

Tabela no. 4.2: Leitura da bateria durante a descarga quando ligada à carga

Sr. No.	Time (15 min. interval)	Voltage (V)
1	1:55 PM	12.33
2	2:00 PM	12.29
3	2:15 PM	12.25
4	2:30 PM	12.20
5	2:45 PM	12.16
6	3:00 PM	12.12
7	3:15 PM	12.8
8	3:30 PM	12.4
9	3:45 PM	12
10	4:00 PM	11.95
11	4:15 PM	11.91
12	4:30 PM	11.88
13	4:45 PM	11.85
14	5:00 PM	11.82
15	5:15 PM	11.78

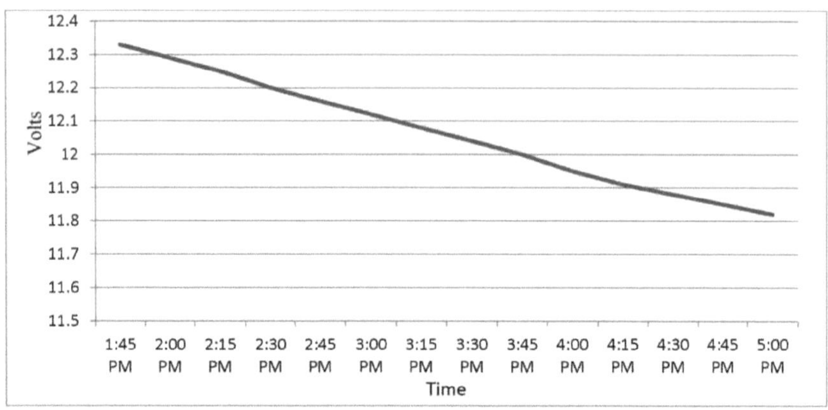

Gráfico 4.8: Caraterísticas de descarga da bateria

5.1 CONFIGURAÇÃO EXPERIMENTAL:

> CONTROLO AUTOMÁTICO DA INTENSIDADE LUMINOSA DAS LÂMPADAS LED:

- VISÃO NORMAL:

Figura 5.1: Vista do hardware do controlo automático da intensidade da luz da lâmpada LED

- **EM MODO DIM:** Quando não há trânsito na estrada, as lâmpadas LED funcionam em modo Modo DIM, que permite poupar energia durante a noite.

Figura 5.2: Vista do hardware no modo Dim

- **NO MODO COMPLETO**: Quando um veículo passa na estrada, o sensor de infravermelhos coloca oposto ao transmissor detecta-o e aumenta a intensidade da lâmpada LED durante alguns segundos que depende do tempo de intervalo de saída do temporizador IC.

Figura 5.3: Vista do hardware em modo de intensidade total

5.2 RESULTADO EXPERIMENTAL:

5.2.1 SAÍDA DO TRANSMISSOR:

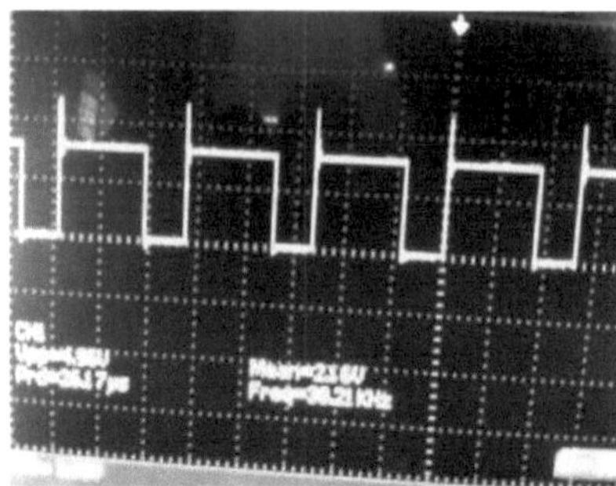

Figura 5.4: Forma de onda de saída do circuito transmissor do NE 555 Timer IC

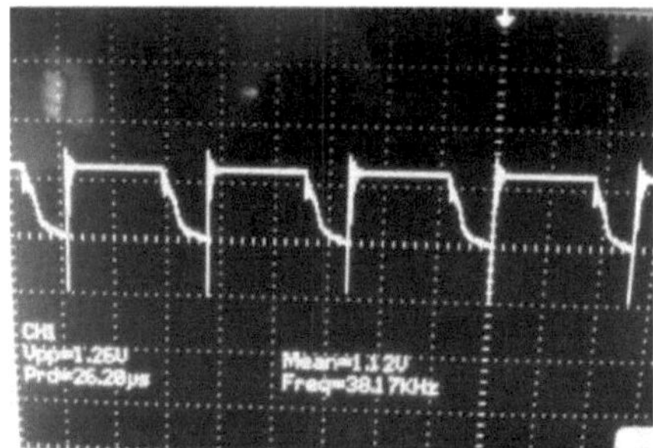

Figura 5.5: LED branco de infravermelhos durante a forma de onda do circuito do emissor em modo de escurecimento

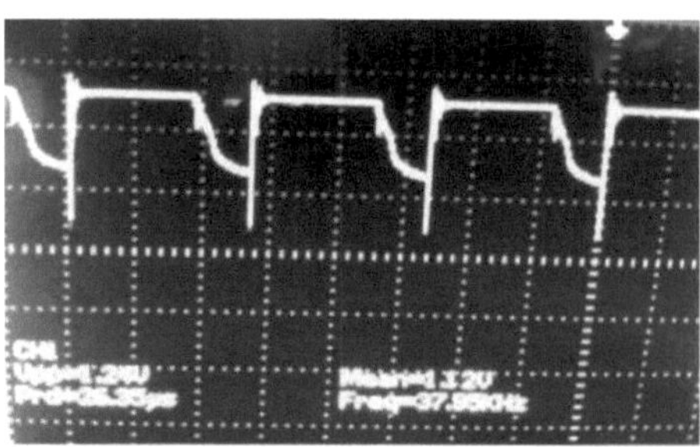

Figura 5.6: LED branco de infravermelhos durante a forma de onda de modo completo do circuito do transmissor

5.2.2 SAÍDA DO TRANSFORMADOR:

Figura 5.7: Forma de onda de saída do transformador

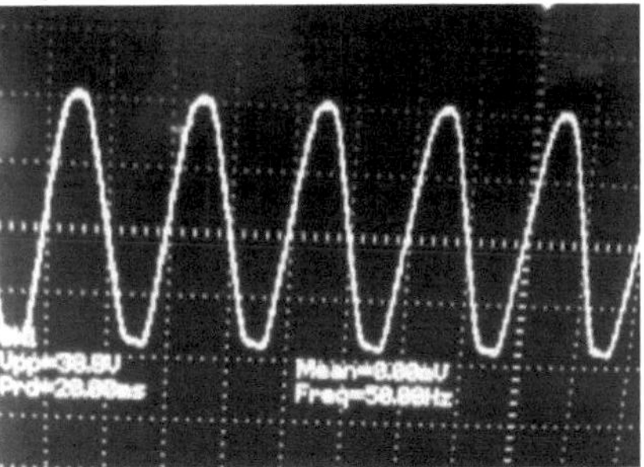

5.2.3 SAÍDA DO RECTIFICADOR DE ONDA COMPLETA:

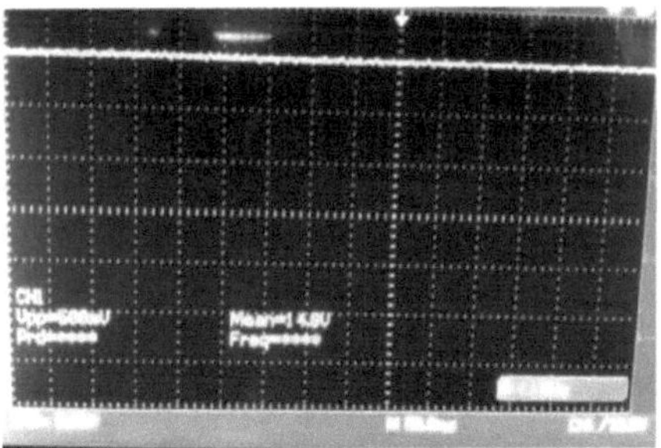

Figura 5.8: Forma de onda de saída do retificador de onda completa

5.2.4 SAÍDA IC 7805:

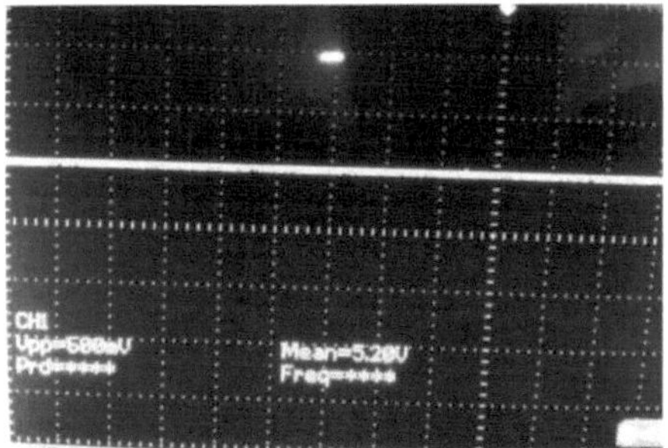

Figura 5.9: Forma de onda de saída do CI 7805

5.3 CONCLUSÃO:

No sistema convencional, são utilizadas lâmpadas de descarga de alta intensidade para o sistema de iluminação pública com base no princípio da descarga de gás. A eficiência do sistema é muito baixa. Existem técnicas que controlam a intensidade da luz destas lâmpadas para que o desperdício de energia possa ser minimizado durante a noite, quando não há tráfego na estrada. Mas o sistema proposto tem muitas vantagens sobre o sistema convencional. Reduz o desperdício de energia, pelo que a eficiência do sistema aumenta. O sistema proposto tem um número menor de componentes. Assim, o sistema é menos complexo e mais económico. O sistema proposto é modelado e um protótipo de hardware é desenvolvido em laboratório. A energia solar é convertida em energia CC armazenada numa bateria de 12 volts e 2,5Ah com a ajuda de um painel solar. A energia CC serve de alimentação de reserva em caso de corte de carga. O tempo de carga e descarga e a tensão desenvolvida através da bateria devido ao painel solar ligado na extremidade da fonte são registados a um intervalo de quatro e quinze minutos, respetivamente. Os dados registados são apresentados sob a forma de tabela e de gráfico. A alimentação principal é rectificada e enviada para as cargas de iluminação. Em caso de obstáculos perto das luzes, o LED brilhará com intensidade total, caso contrário, a iluminação será fraca, reduzindo o desperdício de energia extra. O cálculo do sistema proposto mostra uma poupança de energia de 50% em comparação com o sistema convencional.

5.4 ÂMBITO DE APLICAÇÃO FUTURO:

No futuro, pode ser desenvolvido um modelo matemático e um simulador do sistema proposto. A análise de estabilidade pode ser efectuada.

REFERÊNCIAS

1. Ali M., Orabi M., Abdelkarim E., Qahouq J.A.A., Aroudi A.E., "Design and development of energy-free solar street LED light system," *IEEE PES Conference on Innovative Smart Grid Technologies - Middle East (ISGTMiddle East), Arábia Saudita,* pp. 1- 7, 17-20 Dez. 2011.
2. Adaime Pinto, R., Roncalio J.G., do Prado R.N., "Sistema de iluminação pública utilizando díodo emissor de luz alimentado pela rede eléctrica e por baterias", *International Conference on New Concepts in Smart Cities: Fostering Public and Private Alliances (Smart MILE), Espanha,* pp.1-7, 11-13 Dez. 2013.
3. Ahmed Sanjana," Solar Powered traffic sensitive automated LED street lighting system", *B. E Tese apresentada na Universidade BRAC,* dezembro de 2012.
4. Amin Chaitanya e Kaul Rahul," GSM based Autonomous Street Illumination System for Efficient Power Management", *International Journal of Engineering Trends and Technology,* Vol. 4 Issue 1, 2013.
5. Castro M., Jara A.J., Skarmeta A.F.G., "Smart Lighting Solutions for Smart Cities," *27th International Conference on Advanced Information Networking and Applications Workshops (WAINA), Espanha,* pp. 1374-1379, 25-28 de março de 2013.
6. Davis Wesley," Intelligent street lighting application for electric power distribution systems", *Tese de Mestrado apresentada na B.S., North Carolina Agricultural & Technical State University,* 2011.
7. Ereu G.M., Mantilla J.O., "A Methodology to Determine Electrical Energy Consumption in Street Lighting Systems," *IEEE/PES on Transmission & Distribution Conference and Exposition: América Latina,* pp. 1-5, 15-18 ago. 2006.
8. Lee J.D., Nam K.Y., Jeong S.H., Choi S.B., Ryoo H.S., Kim D.K., "Development of Zigbee based Street Light Control System," *IEEE PES Conference on Power Systems and Exposition,* pp. 2236- 2240, Oct. 29-Nov. 1 2006.
9. Li Lian, Li Li "Wireless dimming system for LED Street lamp based on Zigbee and GPRS," *3rd International Conference on System Science, Engineering Design and Manufacturing Informatization, China,* vol. no. 2, pp. 100-102, 20-21 Oct. 2012.
10. Latha D. V. Pushpa," Simulation of PLC based Smart Street Lighting Control using LDR', *International Journal of Latest Trends in Engineering and Technology (ICSEM),* Vol. 2 Issue 4, July 2013.
11. License F., "Remote-Control System of High Efficiency and Intelligent Street Lighting Using a Zigbee Network of Devices and Sensors," *IEEE Transactions on Power Delivery,* Vol. 28, Issue 1, pp. 21-28, Jan. 2013.
12. Mullner Reinhard e Reiner Andreas," An energy efficient pedestrian aware Smart Street Lighting system", *International Journal of Pervasive Computing and Communications",* Vol. 7, Issue 2, pp 147-161, 2011.
13. Natu Omkar," GSM Based Smart Street Light Monitoring and Control System", *International Journal on Computer Science and Engineering"* Vol. 5, Issue 03, Mar 2013.
14. Pantoni R.P., Brandao D., "A geocast routing algorithm intended for street lighting system based on wireless sensor networks," *9th IEEE/IAS International Conference on Industry Applications (INDUSCON), Brasil,* pp. 1-6, 8-10 Nov. 2010.
15. Po-Yen Chen;, Yi-Hua Liu, Yeu-Torng Yau, Hung-Chun Lee, "Development of an energy efficient street light driving system," *IEEE International Conference on Sustainable Energy Technologies, ICSET, Singapura,* pp.761-764, 24-27 Nov. 2008.

16. Popa M e Marcu A," A Solution for Street Lighting in Smart Cities", *Carpathian Journal of Electronics and Computer Engineering,* Vol. 5, pp. 91-96, 2012.

17. Priyasree Radhi, Kauser Rafiya," Automatic Street Light Intensity Control and Road Safety Module Using Embedded System", *International Conference on Computing and Control Engineering, Chennai,* 12-13 de abril de 2012.

18. Rajput K.Y e Yadav Priyanka," Intelligent Street Lighting System Using Gsm", *International Journal of Engineering Science Invention,* Vol. 2 Issue 3, PP. 60-69, março de 2013.

19. Sarimin Nuraishah e Mohamad Najmiah Radiah," Zigbee based Smart Street Lighting System", *International Journal of Computer Trends and Technology*, vol. 4 issue 4, 2013.

20. Siddiqui A.A., Ahmad A.W., Hee Kwon Yang, Chankil Lee, "ZigBee based energy efficient outdoor lighting control system," *14th International Conference on Advanced Communication Technology (ICACT), Korea,* pp. 916-919, 19-22 Feb. 2012.

21. Srivastava Sakshee," Automatic Street Lights", *Advance in Electronic and Electrical Engineering,* ISSN 2231-1297, Vol. 3, Issue 5, pp. 539-542, 2013.

22. Singh Jasvir e Ganguli Souvik," Estudo e projeto de um sistema solar fotovoltaico ligado à rede em Patiala, Punjab", *tese de mestrado apresentada na Universidade Thapar,* julho de 2010.

23. Srivatsa D.K., Preethi B., Parinitha R., Sumana G., Kumar A, "Smart Street Lights", *Conferência da Texas Instruments sobre Educadores da Índia (TIIEC), Índia*, pp.103-106, 4-6 de abril de 2013.

24. Thoreseth Anders," Characterization, Modelling and optimization of light emitting diode systems", *Tese de doutoramento apresentada na Universidade Técnica da Dinamarca,* 31 de março de 2011.

25. Vitta P, Tuzikas A e Zukauskas A," Concept of Intelligent Solid - State Street Lighting Technology", *ELEKTRONIKA IR ELEKTROTRCHNIKA, ISSN* 1392-1215, VOL. 18, Issue 10, 2012.

26. Wu Yue, Shi Changhong, Zhang Xianghong, Yang Wei, "Design of new intelligent street light control system", *8.ª Conferência Internacional do IEEE sobre Controlo e Automação (ICCA), China,* pp. 1423-1427, 9-11 de junho de 2010.

27. Wei Liu Chee," Modular Intelligent Control System", *Tese de Licenciatura apresentada na Universidade Tunku Abdul Rahman,* maio de 2011.

28. Yun-gui Zhang, Li-na Zhao, Li-na Wang, Sheng-Yong Zhang, "A Web-Based Management System for Urban Road Lighting," *International Conference on Web Information Systems and Mining (WISM), Sanya,* vol. no. 2, pp. 279-282, 23-24 Out. 2010.

29. Yusoff Yusnani Mohd," Towards Smart Street Lighting System in Malaysia", *Simpósio IEEE sobre tecnologia e aplicações sem fios (ISWTA), Malásia*, 22-25 de setembro de 2013.

30. Zotos N., Stergiopoulos C., Anastasopoulos K., Bogdos G., Pallis E., Skianis C., "Case study of a dimmable outdoor lighting system with intelligent management and remote control", *Conferência Internacional sobre Telecomunicações e Multimédia (TEMU), Grécia,* pp. 43-48, 30 de julho a 1 de agosto de 2012.

APÊNDICE

A. LIGAÇÕES DE REFERÊNCIA:

1. www.instapower. com
2. www.grahlighting.eu
3. http://www.nofs.navy.mil/about_NOFS/staff7cbl/lumentab.html
4. http://www.designrecycleinc.com
5. http://www.gg-energy.com
6. http://megabrightsignsandlights.com
7. http://electricalnotes.wordpress.com
8. http://www.ti.com
9. http://pvshop.eu/offgrid
10. http://www.gelighting.com
11. http://www.energystar.gov
12. http://www.pveducation.org
13. http://www.solarchoice.net.au/
14. http://www.sustainableluminaires.com/savingscalculator.html

B. FICHAS DE DADOS DE REFERÊNCIA:

1. Folha de dados do transístor BC 547
2. Folha de dados do TSOP 382 para infravermelhos
3. Folha de dados do Díodo Emissor de Luz
4. Folha de dados do CI de temporização NE 555
5. Folha de dados do relé SPDT
6. Folha de dados do transístor 7805

C. PUBLICAÇÕES:

1. 'Revisão de um sistema de iluminação pública inteligente com eficiência energética'- Publicado no IJR (INTERNATIONAL JOURNAL OF RESEARCH), Vol. No. 1, Issue 5, pp.1018-1023, junho de 2014.

D. REQUISITO PARA O TRABALHO PROPOSTO:

> CONTROLO AUTOMÁTICO DA INTENSIDADE DA LUZ DA LÂMPADA LED

S. NO.	COMPONENTS	VALUE	TYPE	QUANTITY
1	TRANSFORMER	12012	Step down	1
2	DIODE	....	IN4001	5
3	7805 TRANSISTOR	....	....	1
4	NE 555 TIMER	....	....	2
5	NPN TRANSISTOR	....	BC 547	3
6	CAPACITOR	0.001,0.01uF,10nF	Ceramic	3
9	CAPACITOR	2200uF, 25V	Electrolyte	1
10	CAPACITOR	100uF, 25V	Electrolyte	1
11	RESISTANCE	10KΩ, 4.7 KΩ	....	2
12	RESISTANCE	500KΩ	Variable resistance	1
14	IR LED	....	White	1
15	IR RECEIVER TSOP- 382	....	....	1
16	RELAY	12V	SPDT	2
17	LED LAMP	....	....	12
18	RIBBON WIRE	....	....	....
19	GENERAL PURPOSE PCB	....	Small	5

> COMUTAÇÃO AUTOMÁTICA DO SISTEMA DE ILUMINAÇÃO PÚBLICA INTELIGENTE

S. NO.	COMPONENT	VALUE	TYPE	QUANTITY
1	TRANSISTOR 7805	....	....	1
2	LDR	....	....	1
3	RESISTANCE	10KΩ	....	1
4	NPN TRANSISTOR	....	BC 547	1
5	DIODE	....	....	1
6	RELAY	6V	SPDT	1
8	GENERAL PURPOSE PCB	....	....	1

> SUN SEEKER

S. NO.	COMPONENT	VALUE	TYPE	QUANTITY
1	SOLAR PANEL	12W,12V	Monocrystalline	1
2	BATTERY	12V,2.5Ah		1
3	LDR	....	....	1
4	DC MOTOR	12V	Car window motor	1
5	TRANSISTOR 7805	....	....	1
6	NPN TRANSISTOR	....	BC 547	2
7	NE 555 TIMER	....	....	2
8	RELAY	12V	SPDT	2
9	RESISTANCE	200KΩ	....	2
10	RESISTANCE	2Ω,15W	....	1
11	CAPACITOR	100uF,25V	Electrolyte	1
12	WOODEN BASE	....	....	1
13	PANEL SUPPORT	....	....	1
14	GENERAL PURPOSE PCB	....	....	1

> CIRCUITO DE INTERFACE DA BATERIA COM CARGA

S. NO.	COMPONENT	VALUE	TYPE	QUANTITY
1	SPDT RELAY	12V	....	1
2	DIODE	....	IN4001	1
3	CAPACITOR	1000uF, 25V	Electrolyte	1
4	+VE AND -VE TERMINAL WIRES	....	Red and Black	2
5	+VE AND –VE CONNECTORS		Red and Black	2

E. CONFIGURAÇÃO DO HARDWARE:

Figura: Configuração completa do hardware

Printed by Books on Demand GmbH, Norderstedt / Germany